陸海空(육해공) 속에서 찾아낸
우리나라 음식 비밀

음식탐구2

조재오 著 조예진 그림

陸海空(육해공) 속에서 찾아낸
우리나라 음식 비밀

음식탐구2

음식의 맛은 마음에 있다

조재오 著 조예진 그림

글머리

상촌(象村) 신흠(申欽) 선생은 1586년(선조 19)에 별시문과에 병과로 급제한 후에 영의정까지 역임한 조선의 문신으로 이 분이 수필집 '야언(野言)'에 다음과 같은 매화와 관련된 시를 남겼습니다.

桐千年老恒藏曲 오동은 천년을 늙어도 가락을 품고 있고
梅一生寒不賣香 매화는 한평생 추워도 향기를 팔지 않는다.
月到千虧餘本質 달은 천 번을 이지러져도 그대로이고
柳經百別又新枝 버들은 백 번을 꺾여도 새 가지가 올라온다.

조선 4대 문장가의 한 사람인 상촌(象村) 선생이 지은 이 한시(漢詩)는 선비의 지조와 절개가 잘 드러나서 퇴계 이황이 평생 좌우

명으로 삼았을 정도로 유명한 시입니다.
특히 "매화는 한평생 추워도 향기를 팔지 않는다(梅一生寒不賣香)"는 시구는 고래로 선비들의 심금을 사로잡았던 명 구절로 옛 선비들은 혹독한 추위 속에서도 꽃을 피우는 매화를 보면서 힘든 환경에서도 지조를 꺾지 않는 맑고 고결한 기품과 높은 절개를 본받고자 했습니다.

저는 오래전 학부 때부터 구강병리학에 뜻을 두고 전공으로 삼아 그간 각고의 시간을 보냈습니다. 과거에 지조를 지켰던 선비들과는 비교할 수도 없고, 더구나 큰 학자들과는 거리가 먼 사람이 그간 살아오면서 분에 넘치게도 다양한 경험을 하였습니다. 그러나 제가 마음속에 항상 생각하고 행동하는 한 가지 신조가 있다면 '비뚤어지던, 바르던 자(尺)는 한 자(尺)로 재야한다'는 생각입니다. 그간의 저의 모든 행동과 결정에 있어서 균일한 잣대를 가지고 행동하려고 노력해 왔습니다. 주위에서는 이해와 타협이 부족한 사람이라고 적지 않은 오해도 받았었습니다. 그러나 저는 소신을 가지고 살아왔던 한 학자로 기억되었으면 하는 바람을 가지고 있습니다.
그래도 다행인 것은 하늘의 보살핌으로 마지막 십여 년은 제가 뜻을 가지고 구강병리학을 시작했던 모교의 실험실에 돌아와서 정년을 맞이한 것이었습니다.
그리고 이제는 등 떠밀리듯이 지공거사(地空居士·지하철 무임승

차 노인)가 되었습니다.

계획된 일정 속에서 속박받음이 없이 지내게 된 지금 아쉬움과 한편으로는 시원섭섭한 시간을 보내고 있습니다. 사실 전공인 구강병리학의 지식을 살려서 병리조직 표본의 진단이나 하면서 봉사할 수 있다면 제일 좋은 일이겠지만……. 그간 여러 외국치과대학의 진단병리학 실험실을 거치면서 공들여 배운 지식과는 거리가 먼 일로 시간을 보내고 있으니 안타깝기가 그지없는 일이지요. 그러나 이 또한 인생만사 새옹지마(人間萬事 塞翁之馬) 인지도 모르겠습니다.

그간 문재(文才)도 없는 사람이 심심파적으로 글줄이나 써 보았던 것을 모아 보았습니다. 오랜 시간동안 필자의 졸고에 지면을 할애하여 주신 신문에 고마운 마음을 전합니다. 또한 음식 전문가도 아닌 필자의 주제넘은 졸고를 읽으신 동학(同學) 선후배 선생님들의 관심 어린 말씀에 감사의 인사를 올립니다.

연전에 발간했던 '음식탐구' 1편에 이어 '음식탐구' 2편을 준비하게 되었습니다. 이번에도 둘째 여식 예진(叡鎭)이 삽화를 그려서 글의 맛을 돋워 주었습니다. 고마움을 전합니다.

2022년 2월

曉江 趙載五 識

차례

육(陸)권에 나오는 음식탐구

해(海)권에 나오는 음식탐구

공(空)권에 나오는 음식탐구

육(陸)권에 나오는 음식탐구

1. 고사리 : 단백질 함유량 많고 식이섬유 풍부
2. 고수 : 독특한 맛과 향 치명적 매력이자 단점
3. 고추 : 유용한 생리 활성성분 많아
4. 곰탕 : 영양 풍부한 소내장 넣고 끓여
5. 두릅 : 소금 깨 뿌리면 풋나물 중 극상등
6. 두부 : 텝타이드 성분이 혈압억제에 도움
7. 마늘 : 매운맛 알리신 성분은 항혈전 항암작용
8. 미나리 : 중금속 해독 작용 과학적으로 입증
9. 번데기 : 레시틴 함유로 두뇌발달 치매 예방
10. 보리밥 : 베타글루칸 함량 쌀의 50배 많아
11. 상추 : 로돕신 재합성 촉진 안구건조증 야맹증 도움
12. 생강 : 혈관에 쌓인 콜레스테롤 몸 밖으로 배출
13. 석이버섯 : 다당성분 면역력 증강 신경통에 좋아
14. 소머리국밥 : 양념으로 입맛 맞춘 후 국물과 토렴
15. 송편 : 참솔잎 손질해 은은한 솔향기 만끽
16. 숙주나물 : 해독 숙취 해소에 도움 고혈압에 효능
17. 숭늉 : 쌀, 보리로 지은 밥 누룽지 버릴 수 없어
18. 아욱 : 여름철 훌륭한 알칼리성 식품 철분 풍부
19. 양배추 : 위점막 보호로 속쓰림 완화기능
20. 연꽃 : 카테킨 혈액순환으로 저체온에 효과
21. 오이 : 강한 알칼리성으로 산성화된 몸 중화
22. 옥수수 : 식이섬유 풍부해 변비 예방 도움
23. 우동과 짬뽕 : 재료를 볶느냐의 여부로 판가름
24. 은행열매 : 수나무 은행잎 유전자 검색 성별판정
25. 인삼 : 한국요리의 국제화에 기여
26. 자장면 : 춘장에 야채 고기 국수 비벼
27. 잣 : 기억력 향상 변비 예방 효능
28. 참외 : 새로운 품종 계속해서 개발하는 나라
29. 칼국수 : 보기보다 나트륨 함량 높아 조심해야
30. 콩나물 : 통통한 콩나물 8cm일 때 맛 최고
31. 흑염소 : 철분 많고 노화방지 탁월한 토코페롤 함유

고사리 : 단백질 함유량 많고 식이섬유 풍부

고사리(Bracken)는 고사리(Pteridium)속 양치류(羊齒類, fern)의 총칭이다. 속명으로는 북고사리, 참고사리, 층층고사리, 생약명으로는 궐근(蕨根)이다. 고사리는 세계적으로 널리 분포하는 여러해살이풀로 높이 1m 가량, 잎자루 높이 20~80cm 정도로, 고사리는 12개의 변종이 있고, 대한민국에 서식하는 종은 라티우스쿨룸(Pteridium latiusculum)이다.

이 고사리의 뿌리줄기는 땅 속을 길게 기며 둥글고 새로 나온 부분에는 갈색 털이 있다. 잎자루는 곧게 서며 굵고 털이 없으나, 그 기부 부근은 어두운 갈색을 띠며 같은 빛의 털이 있다. 특징으로는 잎자루는 길이 20~80cm로 연한 볏짚색이며 땅에 묻힌 밑 부분은 흑갈색으로 털로 덮여 있다. 바로 채취한 고사리는 떫은맛이 강해 생채로 먹지 못한다.

고사리는 섬유질이 많아 장시간 배고픔을 잊을 수 있고, 카로틴, 비타민C, 비타민B2 등 다양한 영양소를 가지고 있다. 뿌리줄기 100g에 칼슘이 무려 592mg이나 함유되어 있는데 이 때문에 과거 칼슘식품이 적었던 시절 칼슘 원으로서 좋은 나물이었다. 문제는 고사리가 쓰고 독성이 강하다는 것이다. 잎에는 aneurinase(thiaminase)라고 하는 효소가 들어 있는데 이 효소는 비타민B1을 파괴하는 기능을 가지고 있다. 이런 고사리를 지속적으로 다량복용하면 각기병(beriberi)을 유발할 수 있다고 하며 특히 쌀을 주식으로 하는 경우에 더 잘 나타난다는 것이다.

91년 필자가 미국 Michigan 대학교에 교환교수로 갔을 때만해도 고사리가 미국과 캐나다에도 많이 서식해서 국립공원과 산 같은 곳에 한국과 비교할 수 없을 만큼 부드럽고 커다란 고사리 밭을 볼 수 있었다. 교포들은 봄철이면 산야에 지천으로 널린 고사리를 꺾어다가 삶아서 냉장시켜 두고 즐기곤 하였지만, 동양인들이 막 뜯어가서 불과 하루 만에 산야의 풍경 자체(?)가 바뀌자 현지 사람들이 항의하여, 지금은 멋모르고 고사리 뜯었다가는 엄청난 벌금을 물곤 한다.

고사리는 제사상에도 당당히(?) 한 자리를 차지하고 있을 만큼 우리 민족과 인연이 깊다.

제사상에 올라가는 세 가지 나물을 삼색 나물이라고 하는데 그중 검은색은 줄기나물이라 고사리를 사용한다. 푸른색은 잎나물로 시금치나 미나리를 이용한다. 삼색 나물의 뿌리, 줄기, 잎은 각각 조상, 부모, 나를 상징한다. 우리나라에서는 고사리 나물, 들깨탕, 국, 볶음, 들깨찜, 전, 육개장 등으로 다양하게 사랑을 받고 있다.

그런데, 언젠가 우리나라 사람들의 식습관을 조사하던 미국의 식물학자가 한국 사람들이 고사리를 즐겨먹는 것을 보고는 경악을 금치 못했다고 한다. 고사리는 WHO IARC(국제암연구소)의 발암물질 2-B군(암유발 가능성이 있는 물질)로 분류되어, 미국에서는 고사리가 소나 동물들의 사료로도 주는 것이 금지되어 있는데 한국에서는 사람들이 즐겨먹는 것을 보고 놀란 것이다. 생고사리에는 프타퀼로사이드(ptaquiloside)라는 발암물질이 있다. 생고사리를 많이 뜯어먹은 소의 소장에선 궤양과 출혈이, 방광에는 종양이 확인된바 있다.

고사리를 한의학에서는 '궐채(蕨菜)' 혹은 '궐기근(蕨其根)'이라고 한다. 고사리는 간과 신장의 습열(濕熱)을 없애고, 소변을 잘 나가게 하며, 장을 윤택하게 한다. 차가운 성질이 있어 성욕을 억제시키며, 정신을 맑게 하는 작용이 있기 때문에 공부하는 선비나 수도하는 사람에게 좋은 식품으로도 알려져 있다. 특히, 산에서 나는 쇠고기라고 불릴 정도로 단백질이 풍부하고, 칼슘과 칼륨 등 무기질 성분이 풍부하여 치아와 뼈를 튼튼해지게 하고 혈액을 맑게 하여 성장기 어린이와 각종 공해에 시달리는 현대인들에게 좋은 식품으로 알려져 있다.

중국 당대에 편찬된 전문의서인 식료본초(食療本草)에서는 '고사리를 오래 먹으면 눈이 어두워지고 코가 막히고 머리털이 빠지며 다리의 힘을 약화해 보행을 어렵게 하고, 양기를 빼앗아 음경이 오그라들게 한다'고 기록하고 있다. 또 본초몽전(本草蒙筌)에서도 '양기가 쇠약해지고 다리와 무릎이 약해지며, 절대로 지나치게 먹으면 안 되는 반찬'이라 했고, 본초강목(本草綱目)에선 '고사리는 이익함이 없다', 동의보감(東醫寶鑑)에선 '고사리를 많이 먹으면 양기가 줄면서 다리가 약해져 걷지 못하게 된다'고 기록하고 있다. 이와 같이 전통 의서에서 공통으로 언급하고 있는 '다리에 힘이 빠진다'는 이야기는 고사리에 들어 있는 티아미나아제(thiaminase) 때문으로 비타민 B1인 티아민을 분해하여 티아민이 부족해져 '각기병'이 생길 수 있으며 다리 힘이 약해지고 저려 보행 곤란을 유발하며, 신경장애, 단기 기억 상실, 식욕 저하, 근육통 등을 동반한다.

그렇다면, 우리 선조들은 어떻게 이런 독초를 먹으면서도 건강하게 지낼 수 있었을까? 고사리를 삶아서 재를 뿌려서 청산을 중화시키며 고사리를 말렸다가 물에 불려서 삶고 조리하는 과정에서 고사리의 남은 독성분이 해독된다는 사실을 터득했던 것이다. 즉, 고사리에 열을 가하여 발암성분인 ptaquiloside와 B1 파괴인자인 thiaminase를 분해시킨 것이다.

또한, 고사리는 나물 중에서도 단백질 함유량이 많고, 식이섬유가 풍부하며 칼로리가 낮아 영양 과잉 시대에 딱 맞는 식재료라 할 수 있다. 칼슘과 칼륨 등 미네랄이 풍부해 뼈 건강에도 도움이 되며, 아미노산 종류인 asparagine과 glutamine이 풍부하다. 고기처럼 지방이 많은 음식보다는 고사리나물처럼 저칼로리 고단백 식품을 섭취한다면 비만 예방은 물론 성 기능 강화에도 도움을 받을 수 있을 것이다.

고수 : 독특한 맛과 향 치명적 매력이자 단점

필자의 집에는 필자가 어릴 때부터 텃밭에 항상 고수가 자라고 있어 식탁에 고수를 이용한 반찬이 자주 오르고 김장김치에도 항상 고수가 양념으로 들어가곤 하였었다. 고수하면 독특한 냄새 때문에 호불호가 극명히 갈리는 음식재료이지만 어릴 적부터 먹어온 터라 지금도 즐기고 있다. 사실 황해도 연백이 고향이신 선친께서 고향에서 즐기시던 고수의 씨를 어렵게 구하셔서 울안 텃밭의 한 귀퉁이에서 자라고 있었고 우리 집의 김장김치에는 물론, 고수 무침, 고수김치가 식탁에 빠지지 않았었다. 아버지가 가신지도 수십 년 되었고 환경이 바뀌어서 울안의 텃밭도 없어 진지 오래지만 우리 가족들은 지금도 삼겹살 구이에는 의례 고수무침이 빠질 수 없는 찬으로 식탁의 한 귀퉁이에 당당히 차지하고 있다.

필자가 2001년 1월 경희대 월남 봉사활동의 단장이 되어 Vietnam의 Hanoi 부근 Hatai 성에서 두 주간 봉사활동을 한 일이 있는데 식사 때마다 고수가 빠지지 않았고 그 후 Thai나 중국에 수차례 여행 중에도 고수가 포함된 음식에 대해 일행은 불만(?)이 적지 않았지만 필자 혼자만의 만찬(?)을 즐길 수 있었다.

우리가 고수라고 부르는 이 풀을 영어권에서는 코리앤더(coriander), 스페인어 권에서는 실란트로(cilantro), 중국에서는 샹차이((xiāngcài) 향채(香菜)), 태국에서는 팍치(ผักชี, phak chi) 등으로 부르는 한해살이풀로 학명은 Coriandrum sativum 1753이다. 미국에서는 통후추처럼 생긴 고수의 씨를 향신료로 쓸 때는 코리앤더, 고수의 잎을 쓸 때는 실란트로라고도 한다.

알고 보면 우리의 고수 역사도 꽤 유구하다. 고수는 고려 때 이미 처음 들어온 것으로 알려졌는데 "고수를 먹을 줄 알아야 스님 노릇할 수 있다."는 말처럼 주로 사찰에서 재배하고 먹었다고 한다. 민가에서는 보기도 먹기도 흔치 않았지만 뜻밖에도 황해도와 개성 사람들은 고수김치를 즐겼다고 한다. 〈우리가 정말 알아야 할 우리 음식 백가지 2〉(현암사 펴냄) '향토음식-황해도'편에 따르면 그곳 사람들은 고수를 데쳐 초고추장에 찍어 강회로, 생으로 무쳐 생채로 먹거나 김치 안에 넣어 즐겨 먹었었다고 한다. 그러한 연유로 황해도 연백이 고향이시던 필자의 선친께서도 그 맛을 잊지 못하셔서 울안 터 밭에 심으셨었나(?) 보다.

미나리과의 채소인 고수는 생김도 미나리와 비슷한데 미나리보다는 잎이 좀 작다. 원산지는 지중해 부근으로, 강렬한 향과 효능을 지녀 5천여 년 전부터 위상이 남달랐던 허브이자 향신료다. 그리스에서는 향수로, 로마에서는 빵에 향을 낼 때, 이집트에서는 와인에 넣어 마셨다고 하며, 히포크라테스는 속이 쓰릴 때, 발작이 일어났을 때 먹는 약으로 권했다고 전한다. 한방에서는 고수 열매(씨)가 위를 튼튼하게 하고, 소화를 돕고, 기침을 멎게 하며, 입 냄새를 없애준다고 한다. 특히 주목할만한 건 방부 효과다. 고수 속에는 마늘이나 후추처럼 세균을 죽여 부패를 막는 항균성분이 들어 있다. 고수 씨에서 추출한 기름이 식중독균과 항생제 내성을 지닌 슈퍼박테리아와 같은 치명적인 박테리아를 죽이는 데 탁월한 역할을 한다는 연구결과가 더운 동남아 지역의 음식에 고수가 유독 많이 들어가는 이유일 수도 있겠다.

고수는 전 세계 거의 모든 곳에서 먹는다. 우리에게는 아직 낯선 채소여서 평생 마주칠 일이 없을 것 같지만, 많은 이들이 이미 알게 모르게 이 땅에서 혹은 여행 중에 고수를 접한 일이 있다. 여러 향신료들의 조합인 카레를 비롯해 쌀국수, 스프링롤(베트남), 톰얌쿵(태국), 굴 오믈렛(싱가포르), 커리(인도), 타코, 살사소스(멕시코), 세비체(ceviche, 페루), 빠에야(Paella, 스페인) 등은 모두 고수가 들어간 음식이다. 동남아시아의 모든 음식에서 나는 독특한 향은 거의 고수에서 나온다고 해도 지나침이 없다. 서양에서는 중국 파

슬리라고 불릴 만큼 중국 사람들도 고수를 정말 좋아해서 죽, 탕, 국수, 딤섬, 고기요리 등 대부분의 중국음식에 들어간다. 중동, 아프리카, 남미 등지에서도 우리의 파처럼 흔하고 또 즐겨 먹는다.

고수는 잎, 줄기, 씨앗을 모두 먹는다. 생으로도 먹고, 말려서도 먹고, 혹은 씨에서 뽑은 기름을 쓰기도 한다. 푸른 고수 잎에서는 그 향(!)이 나지만 잘 익은 씨에서는 달콤하고 신비한 향이 난다. 대개 동양에서는 보드라운 어린잎과 줄기를 생으로 먹고, 서양에서는 주로 씨와 잎을 말려 먹는다. 말린 가루는 소시지, 술, 과자 등에 향을 낼 때, 고기나 생선의 나쁜 냄새를 없애고 풍미를 더할 때 주로 쓰인다. 피클을 만들 때는 씨를 통째로 넣기도 한다.

고수의 매출이 전 세계적으로 꾸준히 늘고 있다지만 고수를 싫어하는 사람들은 여전히 고수를 싫어한다. 고수의 치명적인 매력이자 단점인 독특한 맛과 향 탓이다. 오죽하면 고수를 싫어하는 사람들을 위한 웹사이트가 생겼고 , 이 웹사이트에서는 '나는 고수가 싫어요.(I Hate Cilantro.)'라고 적힌 티셔츠를 팔 정도이다.

그러나 어디론가 미지의 세계로 여행을 떠나고 싶고, 경험해 보지 못한 잠자는 미각을 깨우고 싶다면 과감히 고수와 만나보기를 권한다. 고수 애호자(?)들은 김치찌개는 물론 라면을 끓일 때도 고수를 넣어 먹는다. 삼겹살을 먹을 때 쌈으로 곁들여 먹는 고수 맛은 그야말로 별미다. 우선 그대가 고수 혐오자(?)라면 즐기는 음식에 소량의 고수를 시험 삼아 넣어 보기를 권한다. 고수 잎을 조금 넣는 것만으로도 그간 경험해 보지 못한 놀랍도록 독특하고 고급스러운 맛으로 변할 수 있어, 실로 고수가 마법의 풀임을 실감하게 될 것이다. 일단 한번 시도해보기를 권한다.

고추 : 유용한 생리 활성성분 많아

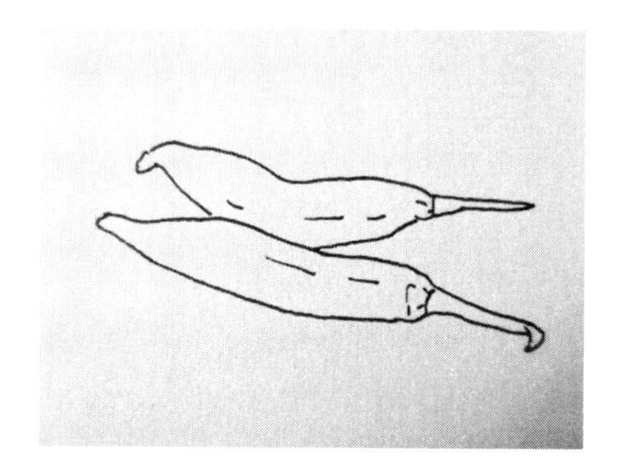

새빨간 빛깔의 알싸한 맛을 보이는 잘 익은 포기김치, 얼큰하면서도 알알한 매운탕의 맛, 새콤달콤하면서도 매콤한 고추장에 찍은 생선회의 맛, 새콤달콤하게 무친 고춧잎 무침, 밀가루를 살짝 입혀서 밥 위에 쪄낸 풋고추찜, 고추부각, 안줏거리로 빠질 수 없는 고추전….

일상적으로 서민 밥상에 오르는 반찬에서 고추를 빼놓고는 말할 수 없을 정도로 우리네 식생활과 밀접한 관계를 가지고 있다,

고추는 가지과(Solanaceae), 고추속(Capsicum) 에 속하는 식물로 온대지방에서는 한해살이풀이고 원산지인 열대지방에서는 여러해살이풀로 자란다. 길이는 6~9cm. 가지가 많이 생기며 잎은 길고 둥글며 끝이 뾰족하며 여름에 흰 꽃이 핀다.

열매는 장과로서 긴 형태이며 짙은 녹색이나 익어 가면서 점점 빨갛게 되며 껍질과 씨는 캡사이신을 함유하고 있어 매운 맛이 난다. 잎은 주로 무쳐서 나물을 만들고 열매는 식용한다. 익은 열매는 빻아서 향신료로 쓰인다. 국내에서는 열매 자체를 채소로서 생으로 즐겨 먹기도 한다.

고추의 한자 이름은 먹으면 맵다고 '괴로울 고(苦)'자를 쓰는 '苦椒(고초)'였으며, 이것이 '고추'로 변했다. '고추장'은 중국에서는 '고초장'이라고도 한다. '고추'는 '辣椒(라쟈오)'인데 고추장만큼은 한국식으로 부르는 것이다. 영어로는 chili pepper라고 한다. 원래 pepper이라고 불리던 후추를 대신하기 위해 도입했기 때문이다.

처음으로 고추를 식용한 건 약 9,000년 전 멕시코 원주민들이었다고 하며, 이후 콜럼버스가 아메리카 대륙을 발견하면서 유럽에 전파되었다. 당시 크리스토퍼 콜럼버스의 일기에는 "후추보다 더 좋은 향료"라는 문구가 적혀있었다고 한다.

불교에서는 오신채(五辛菜 : 마늘, 파, 부추, 달래, 흥거) 등이 성질이 맵고 향이 강하여 수행자의 마음을 흩트린다하여, 이들 다섯 가지를 못 먹게 하는데 이 중 고추는 빠져있다. 따라서 사찰에서도 고추를 넣은 음식은 먹을 수 있는데, 아마도 고추는 부처님이 열반한 이후에 전래되어서 그런 듯하다. 원래 오신채가 정해진 취지를 생각하면 고추도 멀리해야 할 것 같지만 먹지 말라는 계율이 없으므로 그냥 먹는다.

우리 선조들이 고추를 먹기 시작한 것은 우리가 알고 있는 것보다 그리 오래되지 않아 〈동의보감〉에도 고추에 대한 기록은 없다. 고추는 임진왜란 때 일본을 통해 들어왔다는 설이 유력하다. 우리나라에서 재배되는 국내에서 재배되는 고추의 품종은 200여종이 넘는다. 고추는 양념 및 건식용의 붉은 고추, 조림용의 꽈리고추, 생식 및 양념용의 풋고추, 매운 맛의 청양고추, 유질이 두툼한 절임용 아삭이고추, 베어 물면 신선한 오이 향과 맛이 느껴지는 오이맛고추 등으로 구분하기도 한다.

이중 청양고추(靑陽고추)는 한국에서 재배되는 고추 중 가장 매운 고추 품종 중의 하나이다. 1983년 '중앙종묘'의 유일웅 박사에 의해 제주산 고추와 '땡초'라 불리는 태국산을 잡종 교배해 개발되었으며, 청송, 영양지역 고추재배 농가를 대상으로 3년간 연구 및 시험재배를 했기 때문에 청송(靑松)의 청(靑)과 영양(英陽)의 양(陽)을 따서 "청양고추"라고 이름 지었다. 청양고추의 매운 정도는 4000~1만 2000 스코빌에 이른다.

고추는 비타민 A와 비타민 C의 보고이다. 사과의 10배가 넘는 비타민 C를 함유하여 두세 개만 먹어도 일일 권장 비타민을 충족한다. 그 외 노화방지, 항암효과, 피로회복, 고혈압 예방 등 영양적으로 뛰어난 채소이다.

고추의 매운맛은 주로 고추의 캡사이신(capsaicin)과 디하이드로 캡사이신이 내는 맛이다. 원래 맛은 물질이 혓바닥의 미공(味空)으로 흘러들어가 미뢰의 미각신경을 자극하였을 때 느끼게 된다. 그러나 매운맛 성분은 비수용성 물질로 정상적인 맛이 아니고 세포조직을 자극하였을 때 느껴지는 통감(痛感)이며 고추의 캡사이신은 혓바닥을 자극하는 뜨거운 매운맛이다.

고추의 캡사이신은 씨가 달리는 태좌(placenta)에서 생합성 되어 격벽(membrane)을 따라 이동하여 캡사이신 분비샘(capsaicin glands)을 통해 나와 종자의 표면과 과피(pericarp)의 내벽(endocarp)에 분포하여 씨를 보호하는 방어물질이다.

고추가 매운 맛을 내는 가장 유력한 설로는 조류만이 열매를 먹도록 하기 위해 진화했다는 것이다. 포유류는 고추의 매운 맛(캡사이신)을 느끼는 반면 파충류나 조류는 잘 느끼지 못한다. 따라서 씨까지 씹어 부술 위험이 있는 포유류 초식 동물은 고추를 멀리하고 매운맛을 잘 못 느끼며 과육만 씹어 먹고 씨는 온전하게 배설물로 배출하는 조류를 가까이하여 효율적으로 고추를 확산하기 위해서라는 것이다.

capsaicin은 통감을 유발하지만 통증의 진정 작용도 나타내고 있다. 따라서 진행된 위궤양을 진정시키는 작용도 나타내고 위궤양을 악화시키기도 한다. 고추의 소모량이 높은 우리나라에서 위암 발생률이 높은 것과 무관하지 않다. 김헌식 교수 등의 연구에 의하면 고추의 매운맛을 내는 캡사이신이 암세포를 공격하는 우리 몸의 아군 즉, 자연살해세포(NK cell, natural killer cell)의 기능을 떨어뜨려 결국 위암을 비롯한 암 발생을 촉진할 수 있다고 한다. 캡사이신에는 항암, 통증완화 등 유용한 생리 활성성분도 많은 만큼 적당하게 먹으면 좋지만, 지나치게 매운 고추는 피하고, 많은 양을 먹지 않는 것이 권장된다.

곰탕 : 영양 풍부한 소내장 넣고 끓여

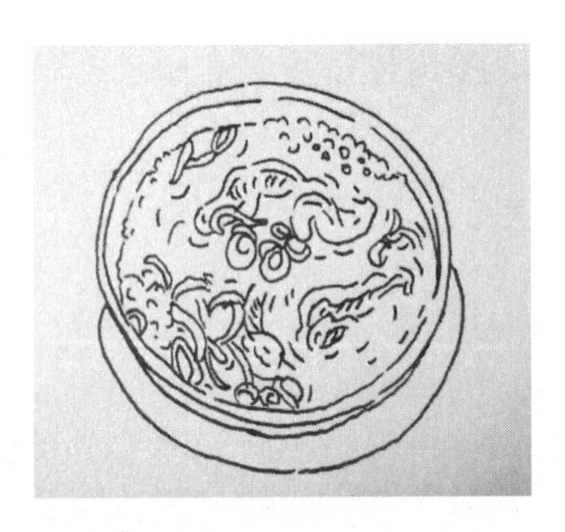

곰탕의 어원은 “뭉그러지도록 익히다./진액만 남도록 푹 끓이다.”라는 뜻의 ‘고다’에서 유래되었다는 것이 일반적이다. 그러니까 아재 gag에서나 나옴직한 말로 ‘곰고기’를 넣고 끓인 국이 절대(?) 아니라는 것이다. 일반적으로 영어권에서는 곰탕을 ‘beef bone soup’라 부른다.

최순실 게이트의 당사자인 최순실이 검찰 조사 중 저녁식사로 곰탕을 한 그릇 비웠다는 이야기가 나온 것 때문에 ‘최순실 곰탕’이 한때

포털사이트 실시간 검색어에 오르기도 했다. 이후 이명박 전 대통령도 검찰 조사 도중 저녁식사로 곰탕을 먹었다는 사실이 알려지면서 다시금 회자되기도 했다.

곰탕은 넓은 의미로는 소의 여러 부위, 즉 쇠머리·사골·도가니·양지머리·내장 등을 함께 섞거나 또는 단독으로 여러 시간 푹 고아서 맛과 영양분이 국물에 충분히 우러나게 한 국을 총칭하는 것이다. 곰탕·육탕(肉湯)이라고도 하며, 영양이 풍부한 내장을 넣고 끓인 국이라 보양음식으로 알려져 있다.

곰탕이란 1768년 조선 영조 때 간행된 몽골어 교재인 ≪몽어유해(蒙語類解)≫에 몽골에서 먹는 맹물에 고기를 넣고 끓인 것을 '공탕(空湯)'이라고 적고 이를 '슈루'라고 읽었다고 기록된 것으로 보아 공탕(空湯)에서 유래되었다는 설과 고기를 푹 고은 국이라는 의미의 곰국에서 유래되었다는 설이 있다.

고문헌에서 곰탕은 ≪능소주다식 조석상식발기(陵所晝茶食朝夕上食撥記)≫에는 '고음탕', ≪시의전서(是議全書)≫에는 '고음국', ≪조선요리법(朝鮮料理法)≫ 이후의 조리서에는 '곰국'으로 되어 있다. ≪시의전서≫에서는 다리뼈·사태·도가니·홀때기·꼬리·양·곤자소니·전복·해삼을 넣고 끓인다고 하였으니, 지금의 설렁탕과 흡사하다.

사실 곰탕과 설렁탕의 차이점은 각각의 전문 음식점에서 맛본 일반인은 물론 전문 식도락가조차 구별하기가 쉽지 않다. 곰탕은 설렁탕과 요리법은 비슷하지만 재료에서 차이가 난다. 설렁탕은 뼈와 잡고기나 그 밖의 내장으로 낸 국물이며, 곰탕은 고기와 깔끔한 내장 등 비교적 고급 부위로 낸 국물을 사용하여 고깃국물이 주를 이루기 때문에 설렁탕보다 국물이 맑은 편이다. 그러나 시중에 판매되는 대부분의 곰탕은 설렁탕과 마찬가지로 사골 국을 사용하여 뽀얀 색인데 아무래도 고기로만 만든 국물은 맑고 맛이 상대적으로 밍밍해서 호불호가 갈리는 반면 설렁탕의 사골 국물은 맛이 진하여 더 선호하게 되는데, 들어가는 재료로는 순 쇠고기보다 사골이 가격이 더 싸다. 곰탕은 설렁탕과 같이 사골을 사용하기도 하지만, 고기를 많이 넣고 끓이다보면 국물이 다시 맑아진다. 하지만 가끔 뿌연 설렁탕을 곰탕이라고 파는 곳이 있고 반대로 맑은 곰탕을 설렁탕이라고 파는 곳도 있으니 요새는 이런 정의가 통용되지 않는다.

곰탕 전문집으로 여러 군데가 손꼽히고 있지만 그중에서도 나주시가 곰탕으로 유명하다. 사골을 전혀 쓰지 않으며 일반 곰탕과 달리 그 맛이 아주 독특하여 따로 명사화하여 '나주 곰탕'이라고 부른다. 글로는 설명할 수 없는 잊지 못할 진한 맛으로, 맛들이기 시작하면 나주 근처를 들릴 때마다 찾게 된다고 한다.

광주 조선치대에 몸담고 있을 시절 점심시간에 나주에 유명한 '나주곰탕'을 먹으러 자주 갔었다. 광주에서 나주까지는 왕복 3-40분 정도면 충분하였고 맛집을 찾는 호사를 부리기에도 무리가 없었다. 나주에는 소위 '나주곰탕 골목'이 있어 좁은 골목 안에 허름하고 나지막한 추녀의 한옥집이 여러 채 옹기종기 모여 있었는데 저마다 원조곰탕이라는 간판을 걸었지만 맛은 별 차이가 없었다. 작은 방에서 무릎을 포개고 앉아서 먹는 곰탕의 맛은 그야말로 기가 막혔었다. 수육 한 접시를 추가하여, 토렴한 뚝배기에 담겨 나오는 밥을 한 숟가락 크게 떠서 그 위에 큼지막하게 썬 잘 익은 깍두기를 얹어 입이 메워져라고 먹는 그 맛은 행복 그 자체였다.

소의 꼬리로 만드는 꼬리곰탕도 별미다. 아르헨티나에서는 1960년대 중반 당시에 아르헨티나로 온 한국 이민자들이 처음에 소의 내장과 뼈, 꼬리 같은 잡 부위는 먹지 않고 버리거나 애완동물 사료용으로 주는 것을 보고 놀랐는데 안심이나 등심 같은 고급부위는 아닐지라도 고국에서 비싸서 못 먹던 소고기를 공짜로 원 없이 먹을 수 있게 되었으니 그야말로 횡재였다. 나중에는 그곳에서도 일정한 가격이 형성되어 잡부위를 공짜로 얻거나 공짜나 다름없는 헐값에 구해서 꼬리곰탕과 곱창구이, 설렁탕 등을 만들어 먹게 되었다고 한다. 현지인들은 처음에는 그런 하찮은 먹잇감을 즐기는 한국 이민자들을 보고 의아하게 생각했지만 나중에 꼬리곰탕 맛을 보기 시작하여 그 맛에 놀랐고, 마침내 아르헨티나 꼬리곰탕이라는 요리가 등장했다고 한다. 독일에서도 비슷한 이야기가 있는데 독일은 내장부위를 이용한 요리가 발달하기는 했지만 역시 소꼬리는 먹지 않은 부위라서 현지 한인들이 소꼬리를 거저 얻어다 먹었는데 나중에 독일인들도 맛보기 시작하면서 요즈음은 통조림으로도 개발되어 현지인은 물론 동양계 이민자의 인기 품목이 되었다고 한다. 전남치대 학장을 역임하신 양규호 교수님도 독일에 방문 교수로 체류할 시절 꼬리곰탕 통조림을 즐기셨다고 한다.

두릅 : 소금 깨 뿌리면 풋나물 중 극상등

봄이 되면 먹을 수 있는 특별한 별식 나물 가운데 하나가 두릅이다. 사실 일반인은 두릅을 잘 모르는 분들이 많다. 두릅의 생산량도 적고 일반인들이 찾아가면서 즐길 정도의 별미도 아니고 그에 비해 가격조차 만만치 않기 때문일 것이다.

필자는 봄의 별미로 두릅이 나는 봄철이면 맛보곤 한다. 일전 오래 전에 은퇴 후에 초막이라도 지으려고 준비해둔 양평의 야산에 숲을 정리하러 갔었다. 우연히 그곳에서 야생의 두릅나무를 발견하고 산

약초 전문가 급(?)인 내자의 확인을 받아서 두릅 순을 한 바구니 따 왔다. 내자가 살짝 데쳐 새콤달콤하게 무쳐서 두고두고 며칠을 즐겼었다.

두릅나무과에 속하는 두릅나무 종으로 학명은 Aralia elata (Miq.) Seem 이며 영어로 Korean angelica-tree로 한국·일본·중국 등 동아시아와 오스트레일리아 및 북미 등지에 분포하는 낙엽활엽 관목으로 산기슭의 양지쪽이나 골짜기에서 자란다.

두릅나무는 향약본초에 지두을호읍으로 기록된 데서, 또는 목두채에서 둘훕이 유래되었고 이것이 두릅으로 변했다는 기록이 있으며, 동의보감 탕액편에는 둘옵〈둘훕으로 기재되어 있다. 목말채·모두채라고도 한다. 한편, 조기 등의 물고기를 짚으로 한 줄에 10마리씩 두 줄로 엮은 것을 두름이라고 하는데, 지리산 지역에서는 현재도 산나물 중 두릅나물만 유일하게 조기나 굴비를 엮듯이 엮어서 판매하고 있는데, 이것 또한 두릅나무의 이름 유래라 할 수 있다.

독특한 향이 있어서 산나물로 먹으며 땅두릅과 나무두릅이 있다. 땅두릅과 나무두릅을 모두 두릅이라고 하지만 두 가지는 다르게 사용된다. 땅두릅은 4~5월에 돋아나는 새순을 땅을 파서 잘라낸 것이고 나무두릅은 나무에 달리는 새순을 말한다. 자연산 나무두릅의 채취량이 적어 가지를 잘라다가 하우스 온상에 꽂아 재배하기도 한다. 나무두릅은 강원도, 땅두릅은 강원도와 충청북도 지방에서 많이 재배한다.

높이는 3~4m이며 줄기는 그리 갈라지지 않으며 억센 가시가 많다. 잎은 어긋나고 길이 40~100cm로 엽축과 작은 잎에 가시가 있다. 작은 잎은 넓은 난형 또는 타원상 난형으로 끝이 뾰족하고 밑은 둥글다. 잎 길이는 5~12cm, 나비 2~7cm로 큰 톱니가 있고 앞면은 녹색이며 뒷면은 회색이다. 8~9월에 가지 끝에 길이 30~45cm의 산형꽃차례를 이루고 백색 꽃이 핀다. 꽃은 흰색이고, 양성이거나 수꽃이 섞여 있으며 지름 3mm 정도이다. 꽃잎·수술·암술대는 모두 5개이며, 씨방은 하위이다. 열매는 핵과로 둥글고 10월에 검게 익으며, 종자는 뒷면에 좁쌀 같은 돌기가 약간 있다.

두릅은 목말채, 모두채라고도 부르며 한자로는 총목이라고 한다. 총목은 꼭지에 가지가 많고 줄기에는 가시가 있다. 물명고(物名考)에서는 "총목은 꼭지에 가지가 많고 줄기에는 가시가 있다. 산사람들이 나무 꼭대기의 어린 순을 꺾어서 나물로 먹기도 한다"고 하였다. 4월 하순에서 5월 상순경에 어린 순을 꺾어서 먹는데, 이를 데쳐서 초고추장에 찍어 먹는 두릅초회는 별미로 특히 절에서 즐겨 먹는다. 해동죽지(海東竹枝)에서는 용문산의 두릅이 특히 맛있다고 하였다.

문헌에도 나와 있듯이 두릅은 손질을 하다 찔리는 일이 있을 정도로 가시가 많다. 그 가시 때문에 예부터 동물이나 도둑을 쫓기 위한 울타리로 심기도 하고, 가시가 있는 나무는 악귀를 쫓는다고 믿어 대문 옆에 두릅나무와 오가피나무 등을 심기도 했다.

한방에서는 두릅나무의 뿌리, 과실, 수피 등을 당뇨병, 신장병, 급성

간염, 류마치스성 관절염, 위암, 위장장애 등에 사용해 왔다. 특히 동의보감에는 뿌리껍질을 벗겨 말린 것을 총목피라고 하여 당뇨병에 사용하였고, 두통, 산통, 대장염, 위궤양, 강장약으로도 사용되었으며, 민간에서는 전초를 위장질병에 이용해 왔다. 이러한 고전 기록을 근거로 최근 성분 및 기능성에 관한 과학적인 연구가 진행되었다.

〈조선무쌍신식요리제법〉에는 "생두릅을 물러지지 않게 잠깐 삶아 약에 감초 쓰듯 어슷하게 썰어 놓고 소금과 깨를 뿌리고 기름을 흥건하도록 쳐서 주무르면 푯나물 중에 극상등이요, 싫어하는 사람이 없다."라고 두릅을 소개했다. 우리 선조들 역시 두릅을 나물 중의 나물, 극상 등으로 친 것이다.

어쨌거나 두릅의 쌉싸래한 향은 참 귀한 봄의 호사다. 두릅의 어린 순은 부드러워 나물로 무쳐먹거나 데쳐 초고추장에 찍어 먹고 조금 더 자라 억세어지면 가시는 긁어내고 데쳐서 절임으로 먹는다. 두릅은 날 것일 때보다 익혔을 때 특유의 쌉싸래한 향이 진해지는 것이 특징이다. 두릅을 데칠 때는 소금을 넣어야 푸른빛이 올라오는데 너무 데치면 식감이 죽어 별로지만 그렇다고 너무 짧게 데쳐도 푸른빛이 올라오지 못하고 탁한 색이 된다.

일본에서는 두릅을 주로 튀김으로 즐기고 중국 동북 지방에서도 두릅을 요리해 먹는다고 한다. 러시아 일대에서도 두릅이 자생하나 러시아 사람들은 두릅을 먹지 않는다고 한다.

봄의 맛과 향을 가득 담은 두릅나무 새순의 맛을 알 수 있어 감사할 따름이다.

그 외에도 두릅된장으로 즐길 수도 있고, 두릅 주먹밥, 두릅구이, 두릅 된장국, 두릅 무침, 두릅 튀김 등으로 다양하게 봄의 향기를 즐길 수 있다.

두부 : 텝타이드 성분이 혈압억제에 도움

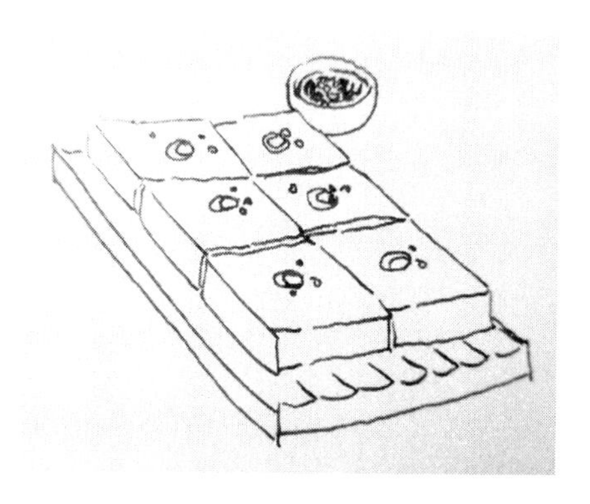

두부(豆腐)는 동아시아, 그 중 한자문화권에서 가장 대중적인 콩 가공품의 하나이다. 두부의 기원지는 중국이지만 서양에선 일본식 발음인 토후(とうふ, Tofu)로 알려져 있다. 두부가 일본에서 만들어진 것은 아니나 일본식 발음으로 서양에 정착한 대표적인 예이며, Bean curd라고도 한다. 두부는 서양에서도 대표적인 동양 음식으로 잘 알려져 있는 콩 요리로, "살찌지 않는 치즈"라고 알려져 있다.

두부의 한자는 콩 두(豆)와 썩을 부(腐)이다. 여기서 썩을 '부'자는

'위 속의 음식물이 소화·흡수가 용이한 상태로 되다.'라는 뜻을 가진 중국어 단어 腐熟으로부터 비롯되었다고 한다.

이러한 두부는 중국 한(漢)나라의 유안(劉安)이 제조한 것이 시초라고 하며 우리나라에 전래된 시기는 고려 말 이색(李穡 1328~1396)의 '목은집(牧隱集)'에 '대사구두부래향(大舍求豆腐來餉)'이라는 시가 있는 것으로 보아 대략 고려 말쯤으로 추정하고 있다.

두부의 원료가 단백질이 풍부한 식물인 콩이기 때문에, 양질의 식물성 단백질이 풍부하고 소화흡수율이 높다. 콩의 단백질을 가장 건강하며 효과적으로 섭취하는 방법은 두부라고 해도 과언은 아니다. 열량은 일반 모두부 형태로 100g당 79kcal, 순두부는 47kcal로 알려져 있다.

두부의 성분은 두부의 종류에 따라서 차이가 있지만 일반 모두 두부를 기준으로 대략 100g당 수분 85%, 단백질 7~8%, 지방 4~5%, 탄수화물 2~3%로 되어있다. 식물성 단백질로 텝타이드 성분이 혈압억제에 도움을 주며, 리놀산 성분이 콜레스테롤 수치를 낮게 해줘서 혈관질환에 도움이 되는 식품이다. 콩보다 흡수율이 높아 소화가 잘 되고 칼로리도 낮고 단백질이 풍부해서 체중조절에도 많이 이용된다. 또한 두부 단백질에는 두피에 좋은 케라틴이 함유되어 있어 탈모예방에도 도움이 된다. 그리고 두부에는 신경세포 생성에 도움이 되는 레시틴 성분이 있어, 뇌건강에도 도움이 된다.

두부를 만드는 과정은 콩을 잘 씻어 여름에는 7~8시간, 겨울에는

24시간 물에 담가 불린 후 물을 조금씩 가하면서 분쇄기에 넣고 곱게 간다. 예전 필자가 어릴 때 가정에서는 불린 콩을 맷돌에 갈았는데 그 노력이 그리 쉬운 일이 아니었다. 이것을 콩비지라 하며, 솥에서 직접 끓이든지 보일러에서 증기를 뿜어 넣어 가열한다. 이때의 가열로 인하여 콩의 비린내가 제거되는 동시에 단백질이 다량 콩비지 속에 용해된다. 가열이 끝나면 이것을 베주머니에 넣고 걸러 짜서 콩물(豆乳)과 찌꺼기인 비지를 얻게 된다. 이때 콩비지가 너무 식으면 두유를 짜기 어려우므로, 뜨거울 때 걸러서 가능한 한 콩물을 꼭 짠다.

콩물이 어느 정도 식어 70℃쯤 되면 응고제를 넣는다. 전에는 응고제로 간수를 썼으나, 요즈음은 황산칼슘을 주성분으로 하는 가루응고제를 사용한다. 응고제가 염화마그네슘이냐 황산칼슘이냐에 따라 두부의 맛이 달라진다고 한다. 응고제로 간혹 바닷물이나 염초물을 쓰기도 했으며, 바닷물을 응고제로 사용한 대표적인 두부가 강릉시의 초당두부로, 허균의 아버지 허엽이 만들었다고 전해지고 있다.

응고제를 넣으면 콩물 중의 단백질이 굳어지므로 그대로 잠시 놓아두었다가 맑은 윗물을 떠서 버리고 밑에 가라앉은 응고물은 사방에 작은 구멍이 뚫린 상자에 무명을 깔고 부은 다음 뚜껑을 닫고 누름돌로 눌러 두면 작은 구멍으로 물기가 빠진다. 두부가 충분히 굳으면 상자째 물에 집어넣어 물속에서 상자는 빼내고 두부는 잠시 물에 담가 둔다. 이것을 적당히 자르면 완제품이 되는데, 보통 100g의 대두를 써서 두부 한 모(300g)를 만들 수 있다.

이러한 복잡한 과정을 거치니 일반 가정에서 반복적으로 두부를 만들어 먹는다는 것이 만만한 일이 아니었다. 따라서 전문적으로 두부를 만드는 사람들이 생겨나게 되었다. 필자가 어린 시절 목판에 두부를 가득 실은 손수레를 끌며 손종(두부장수종)을 흔들며 "두부 사려!"를 외치며 서울의 주택가 골목을 누비던 두부장수의 기억을 갖고 있다.

오래전 미국 Chicago에서 열린 미국 구강악안면병리 학회(AAOMP)에 참석하고 돌아오는 길에 LA에서 며칠을 보낸 일이 있었다. Chicago O'Hare 공항에서 낙뢰를 동반한 폭우로 무려 네 시간이나 비행기가 연착하여 정작 LA공항(LAX)에는 거의 자정 무렵에야 도착하였는데, 마중 나온 대학동기 최상돈 선생(예육군 중령, LA개업)이 저녁식사도 못한 필자를 LA Korean town의 순두부집으로 안내하였었다. 뜨거운 뚝배기에 바지락조개가 들어있는 매콤한 순두부찌개는 북창동의 순두부찌개와 맛과 모양이 유사하여 무대만 미국일 뿐이지 모든 것이 서울 북창동 순두부집의 분위기와 같은 느낌이었다. 그 늦은 시간 임에도 빈자리를 찾기가 어려웠다. 더구나 고객의 대부분이 미국사람들이었는데 매운 순두부를 호호 불어가며 흰 쌀밥을 말아먹는 그들을 보고 더욱 놀랐었다.

몇 년 전만 해도 생소했던 아시아 음식 재료들이 미국인들의 식탁 위에서 조금씩 자리를 넓혀가는 추세로 한식도 상당한 인기를 모으고 있는 것 중 하나인데 그 중에서도 특히 인기 있는 식재료 중 하나가 두부라는 것이다. 그리고 이러한 추세는 필자가 교환 교수로 방문했던 MIchigan의 Ann Arbor나 Maryland의 Baltimore의 한국식당에서도 흔히 볼 수 있는 풍경이었다.

두부는 국, 찌개, 전골, 조림, 볶음, 전 등 거의 모든 음식에 '약방의 감초'처럼 사용되어 우리 국민의 주요 단백질 공급원으로 오래전부터 이용되어온 민족의 음식재료로 이제는 세계인의 음식 재료가 되었다.

마늘 : 매운맛 알리신 성분은 항혈전 항암작용

한국 사람의 마늘 사랑은 대단하여 어느 가정에서나 마늘을 상용하고 있고, 한식요리에는 종류에 관계 없이 마늘이 빠지지 않고 들어간다. 더구나 한국인의 식단에서 빠질 수 없는 김치에는 마늘이 반드시(?) 들어 간다. 어느 집이나 가을이 되면 한해동안 먹을 마늘을 구입하여 저장하는 일이 빠질 수 없는 행사이다. 한국 사람 몸에는 특유의 마늘 냄새가 배어있어 일제강점기 시절 일본인들이 조센징 몸에서 나는 마늘 냄새에 대해 적잖이 비아냥거리곤 했었다. 마늘을 잘 먹지 않는 문화권 사람들은 한국인의 몸에서 나는 마늘 냄새에 대해 상상 이상으로 민감하게 반응하곤 한다.

세계를 많이 여행하는 사람들 말로는 외국에 도착하면 공항에서부터 그 나라 특유의 냄새가 있어, 같은 동양문화권에서도 한국과 중국은 마늘 냄새가 나고 일본은 간장과 생강 향이 난다고 한다. 나라에 따라 많이 먹는 향신료가 그 나라 사람의 독특한 체취에 영향을 준다.

필자는 해외여행이 자유화되기 이전인 1980년대 초반에 영국 Sheffield 대학교 치과대학에서 영국문화원이 주관하는 seminar에 참석한 일이 있었다. 몸에 밴 마늘 냄새(?)를 뽑으려고 출발 한달 전부터 김치를 먹지 않고 파 등의 향신료를 멀리 하였었다. 그러나 거기에 참석한 다양한 나라에서 온 사람들 몸에서 나는 독특한 체취가 내 몸에서 날 수도(?) 있는 마늘 냄새와는 비교가 되지 않을 만한 독특한 냄새가 있음을 알고 그 다음부터는 그러한 고행(?)을 하지 않고 있다.

마늘은 수산화과 마늘종에 속하는 여러해살이풀로 학명은 Allium sativum이다.

여러해살이풀로 60cm 가량 자란다. 잎은 어긋나며 길쭉한 피침형이다. 꽃은 보통 연한 자주색으로 핀다. 꽃대가 올라올 무렵 비늘줄기가 생긴다. 비늘줄기는 크고 연한 갈색의 껍질 같은 잎에 싸여 있으며, 안쪽에 4~10개의 작은 비늘줄기(마늘쪽)가 꽃줄기 주위에 돌려붙어 있다. 육쪽마늘이니 팔쪽마늘이니 하는 말은 이 비늘줄기의 수를 가지고 부르는 것이다.

마늘쪽은 등이 활처럼 굽고 3~4모가 졌으며, 붉은 갈색의 비늘잎으로 싸여 있고, 이 속에 새싹을 보호하고 있는 육질의 흰 부분이 있다. 잎은 어긋나고 긴 피침형으로 끝이 흔히 말리며, 밑동은 통 모양의 잎집이 되어 줄기를 감싼다. 7월에 잎 속에서 높이 60cm 정도의 꽃줄기가 나와 곧게 서며, 그 끝에 1개의 큰 산형꽃차례가 달리고, 총포는 길며 부리처럼 뾰족하다. 꽃은 연한 홍자색을 띠며, 꽃 사이에 많은 무성아가 달리고, 꽃받침은 6조각으로 타원상피침형이며, 바깥쪽의 것이 보다 크다. 수술은 6개이며 꽃받침보다 짧고, 밑부분에 2개의 돌기가 있다. 비늘줄기와 잎·꽃줄기에서 특이한 냄새가 난다.

마늘이 정확히 어디에서 발원했는지에 대해서는 학설이 다양하다. 그러나 고대 이집트의 파라오 쿠푸가 건설한 대피라미드에는 피라미드 건설 노동자에게 양파와 마늘을 지급하였다는 기록이 남아있고 구약성서에서도 유대인이 이집트에 살 시절에 마늘을 먹었다는 기록이 있다. 고대 그리스에서 마늘은 식용과 약용으로 쓰였고 고대 로마에서는 마늘이 민중의 음식으로 이용되었다.

마늘의 원산지는 중앙아시아 초원지역에서 야생으로 자라던 것이 오랜 고대에 재배가 시작되어 유라시아와 북부 아프리카에 널리 퍼졌다고 한다.

동아시아지역의 전래는 기원전 139년 한나라 시절 장건이 서역에서 가져왔다고 한다. 마늘이 언제 한반도에 유입되었는지는 명확치 않다. ≪삼국유사≫의 단군 관련 기사에 환웅이 곰과 호랑이에게 주었다는 "마늘 스무 쪽(蒜二十枚)"의 산(蒜)은 마늘이 아니라 달래였을 것이다. 그러나 ≪삼국사기≫ 잡지편에는 마늘밭에 대한 기록이 있어 최소 삼국 시대에는 마늘을 재배하였을 것으로 생각할 수 있다. 조선 초 ≪향약집성방≫에서는 마늘을 호마로 표기하고 있으며 재배하였다고 기록하고 있다.

그렇다면 단군신화에 나오는 마늘은 어떻게 된 것일까? 중국의 역사 기록에 고조선이 등장하는 시기는 기원전 4~7세기 무렵. 마늘이 위의 경로를 통해 동아시아로 들어온 시점보다 단군이 고조선을 세운 시점이 짧게는 300년에서 길게는 500년이나 앞선다는 뜻이다.

단군신화에 나오는 마늘이 달래일 가능성이 크다는 설이 제기되는 것도 이 때문이다. ≪본초강목≫에서는 한자 '산(蒜)'을 달래의 모양을 형상화한 글자로 풀이한다. 마늘을 예로부터 '대산(大蒜)' 또는 오랑캐 나라(서역)에서 들어온 달래라 해 '호산(胡蒜)'이라 불렀고, 달래는 '소산(小蒜)'으로 분류한 것도 그 방증이다.

마늘의 품종은 크게 보아 추운 지역에서도 자라나는 한지형과 온대 및 아열대에서 자라는 난지형으로 구분할 수 있다. 마늘의 재배지역에 따라 볼 때 충청남도 서산시의 서산종은 한지형, 제주특별자치도의 제주종이나 해남군의 해남종은 난지형이다. 난지형은 비교적 껍질이 얇고 쪽 수가 많아 장아찌를 담가 먹기 때문에 장손마늘이라고 불리기도 한다. 대한민국에서 재배되는 한지형 마늘은 대부분 중국에서 유래한 것이고, 난지형인 대서마늘은 스페인 종을 유입한 것이다.

마늘에는 수분 70%, 탄수화물 20%, 단백질 1.3%이며, 가식부의 무기물은 10,000분 중 회분 99, 칼륨 33, 칼슘 21, 마그네슘 5, 인산 5 등이 들어 있고, 비타민 B1, B2, C를 소량 함유한다. 마늘 특유의 자극적 냄새와 매운맛은 알리신에 의하는데, 이는 전초(全草), 특히 비늘줄기에서는 알리인 상태로 존재하다가 세포가 죽거나 파괴되면 공존하는 효소 알리나아제에 의해 분해되어 항균성 물질인 알리신으로 되는 것이다. 비늘줄기는 양념으로 널리 애용되며, 구워 먹기도 하고 생으로 이용하기도 한다. 또 마늘종(꽃줄기)의 연한 것은 고추장속에 넣었다가 반찬으로 이용하고, 아직 여물지 않은 마늘은 설탕·초·간장에 절여 마늘장아찌를 만든다. 약용주로 마늘주를 담그기도 하며, 분말로 가공된 마늘이 시판되고 있다. 생약의 호산은 비늘줄기를 말하며, 한방에서는 비늘줄기를 이뇨·거담, 살충·구충·건위 및 발한약으로 사용한다.

마늘은 성질이 따뜻하며 몸의 온기를 돕는 힘이 크다. 현대 의학적으로 해석하면 세균이나 바이러스에 의한 감염병을 예방하는 데 효험이 크다. ≪본초강목≫은 온역을 해소한다는 표현을 써 면역효과를 강조했다. 14세기 서양에서도 마늘은 전염병을 잡는 특효약으로 인정받았다. 페스트(흑사병)가 창궐했을 때도 런던의 마늘 장수들은 멀쩡했다고 한다.

마늘의 매운맛의 알리신 성분은 강력한 항균작용, 신진대사 촉진작용, 항혈전작용 및 항암작용이 있음이 알려졌다. 또 스코르디닌 성분은 자궁을 따뜻하게 하며 부인병의 예방과 치료에 도움이 되는 것으로 알려져 있다.

진정 마늘이야 말로 우리 민족과 뗄 수 없는 정감어린 식재료이다,

미나리 : 중금속 해독 작용 과학적으로 입증

미나리(Java waterdropwort, Japanese parsley)는 미나리과에 딸린 여러해살이풀로 학명은 Oenanthe javanica 이다. 동양의 특산으로 각지의 축축한 땅에 절로 난다. 키는 30~60cm, 잎은 어긋나며 깃꼴겹잎(우상복엽)이고, 낱낱의 잎은 알 모양에 톱니가 있다. 여름에 복산형 꽃차례에 희고 작은 꽃이 피며, 흔히 논에 재배하는데 미나리를 심어 가꾸는 논을 미나리꽝이라고 한다.

논둑이나 계곡 등 습한 곳에서 잘 자라는 미나리는 이르면 11월부터 이듬해 5월까지가 제철이다. 봄을 맞아 입맛을 잃기 쉬운 때 생 미나리에 생굴을 넣고 초고추장에 버무리거나 미나리대를 짤막하게 잘라 양념에 볶아 내면 입맛을 되찾는 데 그만이다. 미나리는 잎과 줄기에 독특한 향기가 있어 미나리 무침, 미나리 부침개, 미나리 오이무침으로 미나리는 우리 서민의 식탁에 친숙한 식재료로 오래전부터 우리 조상들이 미나리를 즐겨 먹어 왔다. 이미 고려시대부터 미나리로 김치를 담가 종묘 제상에 올렸는가 하면, 3월 세시 음식인 탕평채의 주요 재료 가운데 하나가 미나리였을 정도로 친숙한 음식재료이다.

미나리에는 '논미나리'와 '돌미나리'가 있으며, 우리가 시장에서 흔히 볼 수 있는 미나리는 논미나리의 개량종이다. 줄기가 길고 굵은 게 특징이고, 김치나 각종 탕·국에 고명으로 사용한다. 이에 반해 재래종인 돌미나리는 길이가 짧고 약간 질긴 편이지만 향이 짙어 무침에 주로 사용된다.

필자가 수련을 마치고 군입대하여 처음 배치받은 곳이 서부전선 최전방의 ○○사단 의무대이었다. 이 부대는 한국전쟁 때 화력과 통신, 군수, 수송수단 등의 모든 면에서 비교할 수 없을 만큼 우위를 점유하던 미군을 따돌리고 참전 유엔군 중 평양에 최초로 입성한 부대로서 장사병 모두가 그 부대에 근무하게 된 것을 명예롭게 생각(?)하고 자부심이 강했었다.

하루는 사단장이 참모회의를 주재하는 자리에서 어느 참모가 '미나리'가 잘 자라고 관리만 잘하면 사병 부식으로서 영양가도 좋고 값도 싸서 일석이조라는 의견을 제시하였다. 쾌재를 부른 사단장의 명령을 받은 군수참모는 군수처 장교들을 동원하여 동트기 전 새벽에 서울 남대문 시장에 GMC truck을 가지고 급습(?)하여 그날 시골에서 남대문 시장에 공급되는 미나리를 통째로 도리(?)하여 사단으로 귀대하였다. 그날 하루는 전 시내의 미나리 미식가들이 영문을 모르고 품귀한 미나리 때문에 입맛만(?) 다셨을 것이다. 부대에 돌아온 미나리는 사단 예하부대마다 일정량의 미나리 묶음으로 공급되었고, 전혀 사전 지식이 없는 미나리 양식작전(?)이 시작되었다.

부대 연병장 공터 한 모퉁이에 자리 잡은 급조된 미나리 밭(?)에서 오뉴월 염천에 물기 없이 미나리가 자랄 수 없는 것은 당연한 결과로 불과 며칠 만에 밭의 미나리는 말라 비틀어져서 '미나리 무침' 등의 반찬을 기대했던 장사병들의 바람은 물거품(?)이 되고 말았다. 습한 늪지대 같은 미나리의 생육조건을 고려하지 않은 당연한 결과였다.

미나리는 찬물에 얼음을 깨고 자란 겨울철 미나리의 향긋하고 아삭하게 씹히는 입감을 별미로 치며 매운탕이나 복탕에서의 잡내를 잡고 입맛을 돋우는데 한몫을 하고 있다.

우리나라 전역에서 자생하는 미나리는 한약명으로는 '수근(水芹)'이라 하며, 기원전 480년의 '여씨 춘추(呂氏春秋)'에도 그 기록이 존재할 정도로 오랜 세월동안 인류의 음식사와 함께 해왔다. 조선 세종시대에 간행된 본초 서적인 향약집성방(鄕藥集成方)에 따르면, 미나리는 성미(性味)가 감(甘), 신(辛), 량(涼)하여 청열리수(淸熱利水-열을 내리고 부기를 가라앉힌다)의 작용을 하기 때문에 여름철 구갈, 황달, 부종, 대하(帶下) 등의 병에 쓸 수 있다고 했다. 또한, '동의보감(東醫寶鑑)'에는 미나리가 대소장(大小腸)을 잘 통하게 하고, 황달, 부인병, 음주 후의 두통이나 구토에 효과적이며, 김치를 담가 먹거나, 삶아서 혹은 날로 먹으면 좋다고 기록되어 있다. 또한 '본초습유(本草拾遺)'에는 미나리 생즙은 어린아이들의 고열을 내려 주고, 항상 머리가 묵직하거나 부스럼이 나는 두풍열(頭風熱)을 치료한다고 적혀 있다.

그 이외에도 미나리는 민간에서도 약으로 요긴하게 사용되어 토사곽란이나 오줌소태에 달여 먹거나 즙을 내 마셨다. 땀띠가 심할 때는 즙을 내 환부에 발랐으며, 목 아플 때 즙에 꿀을 넣어 달여 마시기도 했다. 고열로 가슴이 답답하고 갈증이 심한 증세에 효과가 있는 것으로 알려져 있다. 이뇨작용도 있어 부기를 빼 주며, 특히 가래를 삭이고 기관지와 폐를 보호하는 효능이 있어 황사가 나타날 때면 훌륭한 먹을거리로 대접받는다.

실제로 미나리는 현대 약리학적으로도 비타민 A, B1, B2, C 등이 다량으로 함유된 알칼리성 식품으로, 쌀을 주식으로 하는 우리나라 사람들에게 생길 수 있는 혈액의 산성화를 막아주는 역할을 한다.

또한, 단백질, 철분, 칼슘, 인 등 무기질이 풍부하여 정신을 맑게 하고 혈액을 보호하는 한편, 심한 갈증을 없애고 열을 깨끗이 내려주기도 한다. 뿐만 아니라, 최근 수년간 미나리의 중금속 해독 및 수질

정화기능이 과학적으로 입증되면서 하수처리장이나 축산 폐수장의 수질정화물질로도 보급되고 있다. 또한, 매연이나 먼지가 많은 곳에서 일하는 사람의 기관지와 폐를 보호하는데 효과가 있다. 이 외에도, 섬유질이 풍부하기 때문에 변비에 효험이 있고, 칼로리가 거의 없어 다이어트 식품으로도 좋다. 최근에는 혈압을 내리는 약효도 인정되고 있으며, 심장병, 류머티즘, 신경통, 식욕증진 등에 효과적이라는 보고도 있다. 그러나 미나리는 차가운 성질을 가지고 있기 때문에 평소 몸이 차가우신 분들이나 소화기가 약하신 분들은 다량 섭취를 피하는 것이 좋다.

번데기 : 레시틴 함유로 두뇌발달 치매 예방

필자는 초등학교 교장이시던 선친을 따라 대부분의 어린 시절을 시골에서 보냈다. 초등학교도 들어가기 전의 어린 시절, 햇볕이 따스한 가을날, 어린 필자가 마당에서 놀다가 이상한 광경을 목격하였다. 옆집 할머니가 마당에서 화로에 양은 양푼에 물을 붓고 그 안에 하얀 누에고치 여러 개를 넣어 끓이고, 누에고치 끝에서 실을 분리하여 여러 개의 실을 합하여 물레에 감고 계셨다. 누에고치의 실이 물레가 돌아감에 따라 실이 풀어지며 점점 줄어들어 속에 든 번데기가 나타났는데, 이미 누에고치를 물에 담가서 삶았기에 실에서 분리된 누에고치는 익어있었다.

할머니가 고치에서 명주실을 뽑는 작업을 하시는 주위에는 동네 꼬마들이 옹기종기 모여 앉아 입가에 뽀얀 번데기 국물을 흘리면서 할머니가 주시는 번데기를 병아리가 모이 먹듯 받아 먹고 있었다. 필자도 할머니가 주신 번데기를 별 의심없이(?) 맛보았는데 짭쪼롬하면서 고소하던 기억이 오래도록 잊히지 않고 남아 있었다.

번데기는 한국의 고단백 서민 음식으로 과거 길거리에서 흔히 볼 수 있는 식품이었다. 주로 삶고 볶거나, 탕으로 만들어 술안주·간식 등으로 먹는다. 그러나 이 번데기도 Gallup 조사에의하면 많은 외국인이 혐오하는 음식 중 하나라고 한다. 번데기는 2009년 주한 미군 주간 소식지 '모닝 캄(Morning Calm)'에 한국의 길거리 음식으로 여기 실린 사진에는 "당신이 번데기(bundaegi)를 맛보지 않았다면, 한국 생활을 완전히 한 게 아니다."라고 소개되었었다. 얼마전 TV '외국인 한국 방문' 프로그램에서도 번데기 통조림을 보고 기겁하는 모습이 방영되었다. 나중에 억지로(?) 맛보고 나서야 고소한 그 맛에 반하는(?) 내용이 있어서 실제로 혐오(?) 식품에 넣어야 할지 머리를 어지럽게(?) 한다.

번데기에는 단백질이 풍부하게 들어있어 체중을 관리하는데 도움이 되는 식품 중 하나이며 한참 성장기에 있는 아이들이 섭취하게 되면 성장발달에 많은 도움이 될 수 있다. 번데기에는 많은 레시틴을 함유하고 있어 두뇌발달에 도움이 되고 치매를 예방해주는 효과가 있다고 한다. 또한 레시틴은 불포화지방산을 포함하고 있기 때문에 콜레스테롤 수치를 저하시키는데 도움이 되어서 동맥경화를 예방할 수 있다고 한다.

번데기에는 비타민B, 비타민B1, 비타민B6가 풍부하게 들어있어 스트레스 해소 및 피로회복을 빠르게 도와주며, 그 외에도 아연이 많이 함유되어 있어서 태아의 성장발달에 도움이 되는 영양소가 많기 때문에 임산부에게도 좋은 식품으로 꼽을 수 있다.

그러나 번데기는 생각보다 높은 칼로리를 가지고 있고 번데기를 조리할 때 염분을 많이 넣기 때문에 조심하여야한다(번데기 칼로리 100g당 217칼로리).

누에는 누에나방과에 속하는 누에나방의 유충으로 한자어로는 잠(蠶)·천충(天蟲)·마두랑(馬頭娘)이라 하였다.

누에는 몸색깔은 젖빛을 띠고 연한 키틴질로 된 껍질로 덮여서 부드러운 감촉을 준다. 누에는 알에서 부화되어 나왔을 때 크기가 3mm 정도로 털이 많고 검은색 빛깔 때문에 털누에 또는 개미누에라고도 한다. 개미누에는 뽕잎을 먹으면서 성장, 4령잠을 자고 5령이 되면 급속하게 자라 8cm 정도가 되어 개미누에의 약 8,000~1만 배가 된다. 5령 말까지의 유충기간일수는 품종이나 환경에 따라 일정하지 않으나 보통 20일 내외이다. 5령 말이 되면 뽕먹기를 멈추고 고치를 짓는다. 약 60시간에 걸쳐 2.5g 정도의 고치를 만든다. 한 개의 고치에서 풀려나오는 실의 길이는 1,200~1,500m가 된다. 고치를 짓고 나서 약 70시간이 지나면 고치 속에서 번데기가 되며, 그 뒤 12~16일이 지나면 나방이 된다. 나방이 되기 전에 누에고치에서 실을 생산하고 부산물로 번데기를 얻게 되는 것이다.

우리나라에서 누에를 치기 시작한 것은 언제인지 확실히 알 수 없으나 기록에 따르면 주(周)나라의 기자(箕子)가 조선으로 옮겨와서 기자조선을 세울 때 기자에 의하여 전래되었다고 한다.

그 뒤 삼한과 고려시대에 이르기까지 역대 임금이 장려, 발전시켰으며, 양잠에 관계된 서적도 간행하여 양잠기술을 전파시켰다. 세종 때에는 언해된 농잠서(農蠶書)가 있었다고 하며, 중종 때는 김안국(金安國)이 ≪잠서언해(蠶書諺解)≫를 저술하였고, 고종 연간에는 ≪잠상집요(蠶桑輯要)≫ ≪잠상촬요(蠶桑撮要)≫ 등을 간행하였고 ≪규합총서(閨閤叢書)≫에도 누에치기와 뽕기르기 항목이 있어 누에치기에 대한 상세한 내용이 기술되어 있다.

우리나라의 누에치기는 제2차 세계대전과 광복 후의 정국혼란 및 6·25전쟁으로 인하여 쇠퇴하다가 5·16군사정부의 경제개발 5개년 계획과 1962년에 시작된 제1차 및 2차 누에치기 증산 5개년 계획을 추진한 결과 1972년 수출액이 1억 달러를 넘어 누에치기는 농가의 부업으로 단순한 옷감 생산의 단계를 넘어 외화획득의 주요산업으로 발전하게 되어 누에치기양가의 소득 증대와 국가경제 발전에도 크게 기여하고 있다.

누에를 치는 목적은 견직물의 원료인 고치실을 얻는 데 있다. 그러나 그 과정에서 얻어지는 부산물도 적지 않아 누에똥[蠶糞·蠶砂]은 가축의 사료, 식물의 발근촉진제(發根促進劑), 녹색염료(綠色染料), 활성탄 제조 및 연필심 제조 등에 쓰이고, 제사과정에서 나오는 번데기는 사람이 먹기도 하고 가축과 양어의 사료, 고급비누원료 및 식용유의 원료로 쓰이기도 한다.

최근에는 누에를 분말로 만들어 당뇨병 치료, 불면증 해소, 뇌질환 개선, 고혈압 치료에 효과를 보여 누에치기 농가에 제사보다 월등한 경제효과를 기대하고 있다. 그리고 식용으로의 번데기는 볶음, 탕, 통조림, 짬뽕 등으로 변함없는 서민의 애환을 담고 있다.

보리밥 : 베타글루칸 함량 쌀의 50배 많아

우리나라 사람들의 주식(主食)은 쌀이었지만, 1970년대 후반 이전까지 쌀 생산량의 부족으로 쌀밥을 풍족하게 먹을 수 있는 사람은 많지 않았다. 정부는 절미운동의 일환으로 1967년부터 1976년까지 매년 혼분식 관련 행정명령을 시달하다가 1977년에 들어서야 비로소 그 행정명령을 해제하였다. 그 기간 동안 모든 음식점은 밥에 보리쌀이나 면류를 25% 이상 혼합하여 판매해야만 했고, '분식의 날'이 지정되었다. 정부의 혼분식장려운동으로 1976년에는 밀 수입량이 연간 170만 톤이나 되었고, 이에 당황한 정부는 외화 절약을 위해 혼분식에서 혼식 장려로 정책을 변경하였고, 쌀 생산량의 급격한 증가로 그마저도 1980년대 중반 이후 유명무실화된 혼분식 장려 정책을 폐지하였다.

따라서 한국군은 2003년부터는 창군 55년 이래 최초로 병영식으로 흰 쌀밥이 제공되기 시작했다. 그 전까지는 한국군의 전 부대에서 의무적으로 보리를 일정 비율(4대 6, 3대 7)로 혼합하여 밥을 해야 했고 '60만 명의 장병이 보리를 더 먹고 쌀을 절약하자'는 눈물

겨운 애국운동(?)이 지속되었었다.

필자는 치과대학 졸업 후 3년의 수련을 거쳐서 군의장교후보생으로 ○○사관학교에서 전반기 군사교육과 ○○군의학교에서 후반기 군의병과 교육을 받고 76년 육군대위로 임관하였다.

지금은 군급식도 많이 개선되어 흰 쌀밥과 우유, hamburger, 닭튀김까지 제공되는데 그것조차 부실하다고 불만섞인 고발이 신문에 심심치 않게 실리니 예전의 필자의 군대 시절을 생각하면 금석지감을 느끼게 한다.

후반기 병과교육을 받은 ○○군의 학교에서는 교육기간 중에 후보생들도 장교 식당을 이용할 수 있었다. 후보생 식당에서는 특유의 냄새나는 된장국에 쌀 보리 혼합의 짬밥이 제공되었는데 정작 쌀은 찾기 힘든 시커먼 보리밥이었지만, 장교식당에서는 윤기나는 흰쌀밥에 동탯국, 매콤한 깍두기를 포함한 맛깔스런 반찬이 제공 되었다.

물론 식비는 당일 현장에서 현찰 박치기(?)이었다. 처음 며칠은 후보생 식당이 붐볐으나 점점 후보생 식당의 배식 인원이 줄고 비례해서 장교식당의 줄은 장사진(?)을 이루었다. 장교식당운영을 위해서 그나마도 별 볼 일 없는 후보생 식단 부식을 할애하였느니 날이 갈수록 후보생 식당의 찬은 별 볼일이 없어져 갔다.

들리는 말로는 군의 후보생 교육 기간 동안에 1년치 군의학교 운영비(?)를 마련한다는 유언비어(?)가 흘러나왔다. 이러한 비리(?)는 군에 그리도 많아 조그마한 일이라도 사정기관의 간섭없이 되는 일이 없을 정도도 엄정한(?) 군대에서, 추상같은 사정기관(?)의 묵인이 없으면 불가능한 처사임을 모르는 사람은 없을 것이다. 당시 필자는 장교로 임관하면 언제 또 후보생 식단 같은 보리밥을 먹어 보겠느냐는 자조 섞인 생각 하에 굳건하게 교육기간 내내 국가가 무상(?)으로 제공하는 후보생 식당 짬밥을 애용하였다.

사실 백미(쌀)에 보리쌀을 혼합하거나 보리쌀로만 지어낸 보리밥은 보리의 식감이 상당히 거칠고 알도 굵기 때문에 그냥 쌀밥 짓는 방식으로 지으면 보리가 퍼지지 않아서, 할맥(割麥)과 압맥(壓麥, 납작보리)을 적당히 섞고 보리를 물에 충분히 불리는 등의 추가 수고를 해야만 먹을만한 보리밥을 만들 수 있다.

순전히 보리만으로 지은 밥을 꽁보리밥이라고 한다. 젊은 세대는 잘 모르지만 불과 오래지 않은 우리의 아버지 할아버지 세대에서는 숨 가쁘게 '보릿고개'를 넘길 때의 서민의 식단은 꽁보리밥도 감지덕지했던 서글픈 시절이 있었다.

요즈음은 보리밥이 건강식으로 알려져서 보리밥 전문 식당이 많이 있어 다양한 형태의 식단이 개발되었지만 비빔밥 형태로 먹는 경우가 대부분이다. 보리밥에 참기름을 부어 고추장과 비벼서 막된장이나 청국장찌개에 열무김치를 곁들여 먹는 것도 색다른 맛이다.

필자가 군대 제대 후 광주 조선치대에 몸 담고 있을 시절 오전 학부 학생 실습이 있는 날이면 심심치 않게 증심사 앞의 '초가집'에서 꽁보리밥이나 5대 5로 섞은 '보리밥'으로 늦은 점심을 해결했었다. 가난하던 시절 서민의 음식이던 보리밥은 이제는 보리농사를 짓는 농민이 드물어서, 수요자가 비싼 가격으로 미리 주문 생산을 해야 하고 보리밥을 하기가 쌀밥보다도 더 어려워 이제는 서민을 뛰어넘는 특식(?)이 되었다.

보리밥은 쌀보다 못하다는 편견이 있기 마련이다. 과거에 우리나라는 쌀이 귀하던 시절 쌀에 보리를 혼합하거나 보리로만 밥을 지어서 먹었기 때문이기도 하다.

보리에는 다양한 영양성분이 많이 함유되어 있어, 쌀을 대체할 수 있는 건강식이라고 한다. 보리에는 비타민B1, 2가 많고 섬유질, 탄수화물, 단백질이 많은 편이다. 면역기능을 향상시키는 베타글루칸의 함량은 쌀의 50배 그리고 밀의 7배 이상 많다고 한다. 이외에도 식이섬유, 폴리페놀, 프로안토시아닌 성분이 풍부하게 함유되어 있다. 또한, 보리에 함유되어 있는 섬유질은 체내의 담즙산 분비를 증가시키는 도움을 주어 음식물이 빠르게 장을 통과할 수 있게 도움을 준다.

그러나 보리밥이 장의 연동 운동을 활성화시켜주는 장점이 있는 반면 부수적으로 '방귀'가 시도 때도 없이 나와서 점잖은 자리에서는 민망하게 한다. 필자는 군대 입대 후 ○○사관학교에서 전반기 군사훈련을 받았다. 당시 생도 내무반은 이층 침대 구조였었는데, 필자 위층 침대에서 자던 동기생 권영혁 교수(경희치대 학장역임)는 필자의 취침 중의 '방귀 세례'에 당했던 곤욕을 지금도 웃음으로 되뇌이곤 한다.

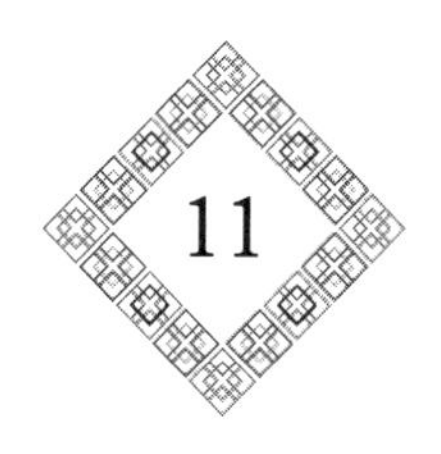

상추 : 로돕신 재합성 촉진 안구건조증 야맹증 도움

상추는 국화목(Asterales) 국화과(Asteraceae)의 한해살이풀 또는 두해살이풀로 유럽/서아시아 원산 이명은 상치 부루 학명은 Lactuca sativa L. (1753)이다.

상추는 깻잎과 함께 한국 요리에서 쌈채소로 가장 많이 생식하는 잎이며, 배추와 많이 닮아서 배추와 가까운 종류로 아는 사람이 많지만 사실 국화과의 식물이다. 굳이 말하자면 민들레와 가깝다. 상추의 종류는 크게 3가지로 나뉘어 결구하지 않는 상추, 반결구상추,

결구상추가 있다. 결구상추는 우리가 아는 양상추이다. 상추 식물은 중국을 거쳐서 한반도에는 신라시대에 전래되어 한국특산처럼 되었고 중국의 어원대로 생채(生菜)라고 불렸으나, 시간이 지나면서 호칭이 변하여 '상추'라고 불린다.

고려시대 상추는 품질이 매우 좋고 씨앗이 매우 귀해 씨앗을 사려면 천금을 주고 샀다고 하여 천금채라고도 불렀다고 한다.

상추의 잘린 단면에 하얀 즙이 나오는 것이 상급이며 그 즙에 수면 성분이 들어 있어 상추쌈을 많이 먹으면 노곤해진다. 하얀 즙이 우유나 정액을 연상시켜, 젖의 'lac'에서 유래해서 영어로는 'lettuce'라고 하며, 이집트 다산의 신 '민'(남신이다)의 상징이기도 하다. 옛날 우리나라에서는 상추를 '은근초(慇懃草)'라고 불렀는데, 상추가 정력을 북돋워준다고 알려졌기 때문이었다.

쌈밥은 상추와 배추 등의 채소에 밥을 넣어 쌈을 싸먹는 요리다. 〈동국세시기(東國歲時記)〉에 의하면 대보름날에 나물 잎에 밥을 싸서 먹는데, 이것을 '복쌈'이라고 하며, 복을 싸서 먹었으면 하는 기원이 담긴 음식이었다고 한다. 그러한 쌈의 재료로는 우리가 흔히 생각하는 상추는 물론, 케일, 깻잎, 양상추, 머위, 미역, 생선회, 육회 등의 모든 음식 재료가 이용될 수 있으나, 조리 안 된 생야채 등을, 도구가 아닌 손을 직접 써야 한다는 점 때문에 위생적인 측면에서 외국인들에게는 약간의 거부감을 일으킬 수 있는 한국의 식문화 중 하나이다.

2009년 8월 경희치대와 자매 관계에 있는 미국 Maryland치대와의 상호 학생교류 계획의 일환으로 필자가 경희치대 학생들의 인솔교수가 되어 Maryland치대가 위치하는 Baltimore에서 두어 주간 머무른 일이 있었다. 그 기간 중 주말에 Chesapeake bay bridge 근처의 교포의 별장에 초대받아서 경희치대 학생들과 인솔교수, 그곳에 자리 잡은 경희대 출신 김영식 선배님과 교포들, Maryland 치대 국제 교류처장이던 Dr. Belenky 부부가 참석하여 해변에서 시낭송회와 불고기를 곁들인 만찬을 가졌었다. 당시 Dr. Belenky 가 'Korean Barbecue'라고 하면서 상추에 불고기를 싸서 거침없이 몇 번인가를 들었었다. 해변에서 불고기 성찬에 놀란 극성스런 파리 떼들을 연상 손으로 쫓으면서……. 사실 Dr. Belenky는 이미 월남전에 미 육군 공정 대원으로 참전해서 경험한 동양문화에 대한 이해심을 바탕으로 주위 참석자들에게 어색하지 않도록 모든 것을 참아준(?) 그의 인내심(?)에 놀랐었다.

상추쌈하면 상추를 몇 잎 펴서 포개어 놓고 그 위에 밥을 한 숟가락 올리고, 풋고추를 송송 썰어서 된장을 풀어 걸쭉하게 끓인 강된장을 한 숟가락 올리고, 그 위에 돼지고기 제육볶음을 한 수저 놓고, 주섬주섬 상춧잎을 싸서 입이 터져라고 우겨 넣고 아작 아작 씹는 모습을 상상하게 된다.

광주 조선치대에 몸담고 있을 시절, 병원 식당에서는 점심 식사로 간간히 쌈밥 정식이 나오곤 하였다. 배식 판 옆에 미리 손 씻을 물을 준비해 놓은 날은 쌈밥이 나오는 날이므로 직원 모두가 환호성을 지르며 몇 번씩 밥과 상추를 더 가져다 먹곤 하였다.

상추하면 쌈밥이 우선 떠오르지만 사실 상추를 이용한 요리로는 상추 겉절이, 상춧전, 상추 비빔밥, 상추 비빔면, 상추 샐러드, 상추 김치 등으로 그 쓰임새가 다양하다.

오늘날 상추는 고기를 먹을 때나 회를 먹을 때 등 다양한 요리에 이용되는 사랑받는 채소 중 하나가 되었다. 특히 상추는 구운 고기와 함께 먹으면 단백질과 지방이 타면서 생기는 1급 발암물질 벤조피렌 독성을 억제하는 효능이 있어 발암 가능성을 낮춰주는데 아주 효과가 좋다고 한다.

상추는 다른 엽채류에 비해 비타민과 무기질이 풍부하고 철분이 많아 혈액을 증가시키며 피를 맑게 해주는 효능이 있다. 본초강목(本草綱目)에서는 상추 효능으로 뼈마디를 보호하고 오장의 기능을 좋게 하며 기의 막힘을 열어주고 경맥을 통하게 하며 이를 희게하고 눈과 귀를 밝게 한다고 기록되어있다.

상추의 효능으로는 불면증 개선에 도움을 준다. 상추는 수면 호르몬이라고 불리는 멜라토닌 성분이 함유되어있어 불면증 개선에 도움을 준다.

또한 상추에 함유된 락투카리움이라는 성분은 상추 줄기에 있는 우윳빛 유액에 함유된 성분으로 신경 진정 진통 진해의 효과가 있어 신경을 안정시키고 스트레스 완화에도 효과가 있다.

상추에는 비타민과 미네랄이 풍부하여 천연 강장제 역할을 하며 체내의 신진대사를 활발하게 도와주고 몸의 긴장을 완화시켜 피로를 풀어주는 데 도움을 준다. 상추 속에는 루테인 성분과 비타민A 성분이 풍부하게 함유되어있어 눈의 신경과 점막을 보호하고 안구가 건조해지는 것을 막아주며 눈의 피로와 시력을 개선하는데 아주 중요한 역할을 한다. 또한 상추 속 비타민A 베타카로틴 성분은 망막의 붉은빛을 감지하는 로돕신의 재합성을 촉진하여 안구건조증이나 야맹증에 도움을 주어 시력을 유지하는데 효과가 좋다.

또한 상추 속에 있는 수분과 식이섬유는 장 연동운동을 촉진하고 유해물질의 배출을 도와 장기능을 정상화시켜주며 배변 기능을 원활하게 도와주어 변비를 예방할 수 있다.

상추는 오래전부터 우리 민족의 정서속에 녹아든 정감있는 채소로 우리 민족만이 가지고 있는 쌈문화에 톡톡히 기여하고 있다.

생강 : 혈관에 쌓인 콜레스테롤 몸 밖으로 배출

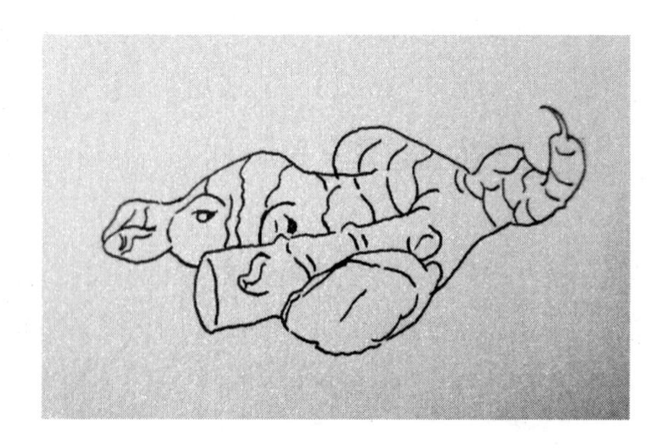

생강(生薑)은 생강목, 생강과에 속하는 여러해살이풀로서, 학명은 Zingiber officinale Roscoe이다. 다른 이름으로 새앙, 새양이라고도 하며, 동남아시아가 원산지로 식물의 덩이줄기를 이용하는 것이다.

조교 시절 필자의 연구실에는 희석한 Merk ethyle alcohol에 생강 몇 조각을 넣어서 숙성시킨 생강주가 항상 대기하고 있었다. 병리실험실에서 Merk alcohol이 떨어 떨어질 수 없는 일이 지만….

실험이 잘되었을 때도, 의도한 바와 같은 실험결과가 안 나왔을 때도, 춥고 배고픈 조교 시절의 처량한 마음을 달랠 때도, 의대 생리학 교실의 실험용 토끼가 조교의 의도된 실수(?)로 cardiac puncture의 후유증으로 유명을 달리했을 때도…. 우리 조교들 ; 강병남(경희의대 1회, 안과 전문의, 건국의대 안과교수 역임), 신민규(한방생리, 한의학연구원장역임), 정운하(경희치대 1회, 경북치대 교수 역임)와 필자를 포함한 춥고 배고픈 동지들이 모여 교감을 나누었었다. 물론 거기에는 항상 향긋하고 달콤한 생강주가 빠질 수 없었다. 인류의 생명과학 증진에 몸을 바친(?) 토끼가 탕으로 변신(?)하여 안주로 동반되었음은 물론이다.

생강은 황토에서 자라서 절개시 속에 심이 없고 단단하며 껍질이 잘 벗겨지고 고유의 매운맛과 향기가 강한 것을 상품으로 치며 전북 완산군 일대의 황토는 생강의 성장에 최적의 토양으로 알려져서 이곳의 생강의 품질은 정평이 나 있다. 국내 농가에선 보통 토굴에 대량으로 쌓아서 저장하는데, 보관 중에 대량의 메탄가스를 내뿜기 때문에 환기도 되기 전에 섣불리 들어갔다가 중독이나 질식사고가 발생해 인명을 앗아갔다는 기사가 필자가 광주에 몸담고 있을 시절 지방신문 사회면을 심심치 않게(?) 차지하곤 하였다. 필자는 지금도 추운 겨울 따듯한 생강차 한잔으로 찬 속을 달래곤 하며, 장어구이를 먹을 때나, 입에 살살 녹아 씹힐 것이 없이 목을 넘어가는 회를 즐길 때도 채썬 생강이나 생강 초절임은 상차림에 빠지지 않는다.

생강 특유의 알싸하고 매운맛은 진저론(Zingerone)과 진저롤(Gingerol), 쇼가올(Shogaol)이라는 성분이 내는 것으로, 사람에 따라서 호불호가 다양하게 갈린다.

생강은 몸을 따뜻하게 해주어 감기 예방에 탁월하며, 혈관에 쌓인 콜레스테롤을 몸 밖으로 배출해 동맥경화나 고혈압 등 성인병 예방과 수족냉증, 복부냉증 해소에 도움이 된다. 이뇨작용을 도와 부기 제거에 효과적이다.

감기 초기에는 생강차를 만들어 마시면 효과가 있고 가래 제거에는 묵은 생강을 은박지에 싸서 약한 불로 까맣게 될 때까지 찜구이로 하고 뜨거운 물을 부어 마시면 치료 효과가 있다. 편도선염이나 기관지염에는 묵은 생강을 갈아 가제에 넓고 길게 펼쳐서 목에 감아주면 효과가 있다. 관절염이나 류머티즘, 요통, 견비통, 어깨 결림에 온 습포를 해주면 통증이 호전된다. 생강 잎은 적당히 썰어 헝겊주머니에 담아 욕조에 넣고 목욕하면 근육통이 있는 사람에게 효과가 있으며 피로를 풀어 준다.

중국에는 2500년 전부터 생강을 키웠다는 기록이 있고, 우리나라에는 고려시대 때 전래되었다고 한다. 고려시대 당시에는 생강이 매우 귀중한 재료로 생강을 상으로 내렸으며, 생강을 차지하기 위해 싸움까지 있었다는 기록이 있다. 고려시대에는 인삼차는 서민들이 마시는 차였고 생강차는 임금과 귀족들이 마시던 품위있는(?) 차였다고 한다.

생강하면 대표적인 키워드는 '매운 맛'이나, 의외로 쓴 맛도 강한 편이다. 생강은 매운 맛이 강해서 날로는 잘 먹지 않고, 갈아낸 즙을 소량 넣거나 뜨거운 물에 우려내서 사용한다. 일상생활에서는 생강차, 생강 빵으로 이용된다. 김치, 일부 카레에 향신료로 생강이 들어가기도 한다. 생강은 마늘, 양파와 함께 고기의 잡냄새를 없애는 목적으로 사용되기도 한다.

생강의 향이 레몬이랑 비슷해서 레몬차에 섞어 마시기도 하며 향수나 바디워시 등에 첨가되는 향료의 원료로 레몬과 함께 이용되기도 한다.

생강을 얇게 썰어서 끓인 다음, 설탕물에 졸여서 말린 것을 편강(片薑)(dried ginger)이라 하며 술안주나 과자로 많이 먹는다. 한번 끓였으니 쓰고 매운 맛이 약하고 단 맛이 강해서 어린이들의 입맛에도 맞는 편이다. 생강은 생강주, 이강고, 죽력고 등의 술 재료로도 쓰이고 진저에일 적당량에 위스키를 섞으면 하이볼이란 칵테일로도 이용된다.

서양에서는 과자에 넣어 생강과자, 진저브레드를 만들기도 한다. 그 외에도 설탕에 절여서 만든 생강 사탕(Candied Ginger)도 있으며 진저 츄(Ginger chews)라는 젤리도 있다.

일본 요리에서는 전반적으로 한식에 비해 생강을 훨씬 많이 쓰이며, 한식에서 마늘이 가장 중요한 향신료라면 일식에서는 생강이 그 위치를 대신한다. 일본에서는 생강을 얇게 저며 식초와 설탕, 천연색소에 재워 베니쇼가(일본어 : 紅生姜)라는 절임 반찬을 만들어 먹는데, 일식 횟집에서는 물론 라멘집에서 조차도 생강이 사용되어

라멘 특유의 느끼한 맛을 줄여준다.

그러나 생강은 보존성이 좋지 않은 향신 채소이다. 생강이나 토란 종류는 보관 중에 쉽게 썩을 수 있는데, 날 생강은 냉장해도 일주일을 넘기 어렵고, 겉에 흙이 붙어 있고 표면이 살짝 마른 저장 생강은 냉장실에서 몇 주간 저장할 수 있다. 생강의 향을 그나마 잘 보존하는 저장 방법은 습기 없는 모래에 묻어 두는 것이고, 얇게 편으로 썰어서 말려 건강으로 만들어 쓰는 것이 가장 좋은 방법이다.

석이버섯 : 다당성분 면역력 증강 신경통에 좋아

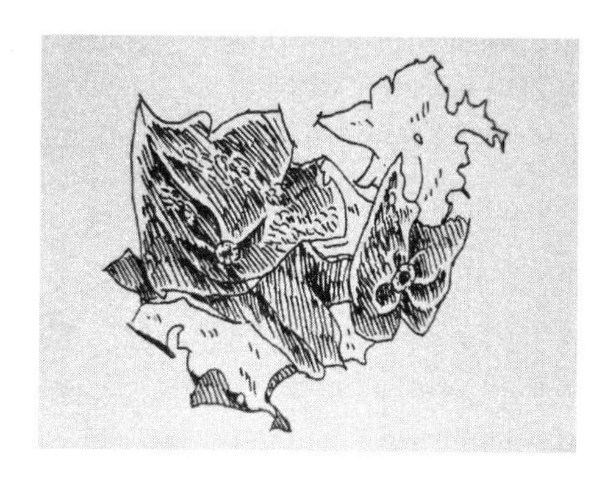

석이(石耳)버섯은 석이과에 속하며 학명은 Umbilicaria esculenta이다. 한국·중국·일본 등지에 분포하는 엽상지의류(葉狀地衣類, Lichen)의 하나로 깊은 산의 바위에 붙어서 자란다. 지의체는 보통 지름 3~10cm의 넓은 단엽상으로 대부분 원형이고 가죽질인데 건조시에는 위쪽으로 말린다. 표면은 황갈색 또는 갈색으로 광택이 없고 밋밋하며 때로는 반점 모양으로 떨어지는 노출된 백색의 수층이 부분적으로 나타난다. 뒷면은 흑갈색 또는 흑색으로 미세한 과립상 돌기가 있고 전체가 검으며 짧은 헛뿌리가 밀생한다. 마르면 단단하지만 물에 담그면 회록색으로 변하고 흐물흐물해진다. 자기(子器)는 지의체의 표면에 생기는데 흑색이고 표면이 말린 모양으로 지름 1~2mm이며 포자는 무색이고 1실이다.

석이버섯은 자라는 데 매우 오랜 기간이 걸리는데, 보통 1년에 1~2mm 정도 자란다고 한다. 한 번 채취한 지역에서 새로운 석이버섯이 자라서 다시 채취할 때까지는 무려 20여 년이 흘러야 할 정도로 성장이 느리며, 깊은 산속 가파른 바위 위에 자생하기 때문에 전문적인 산악인 정도의 암벽 등반 기술을 갖지 않으면 채취하기가 그리 녹녹치 않고 더구나 인공재배조차 되지 않아서 고가에 거래되며 오래전부터 귀한 식재료로 알려져 있다.

석이버섯은 궁중 요리에도 올라가는 고급 식재료다. 석이버섯을 살짝 불리고 실처럼 가늘게 채 썰어서 장식으로 조금만 올린다. 값이 비싸서 가정집에선 구경하기 힘들지만, 한식조리기능사자격 시험에서는 고명으로 빠지지 않고 자주 나오는 식재료이다. 음식디미방에 요리법이 수록되어 있는 석이떡의 경우에는 양반집 요리법이라 그런지 몰라도 맵쌀 1말에 찹쌀 2되 기준으로 그 비싼 석이버섯을 1말씩이나 들여 쪄내는 떡으로 기록되어 있으니 일반 민초들은 감히 상상도 못할 정도이다.

대개의 버섯은 썩은 나무나 섬유질이 많은 땅에서 나지만 석이버섯은 바위에서 나는 특이한 버섯으로 영양성분을 보면 단백질을 구성하는 아미노산으로는 알라닌, 페닐알리신, 로이신, 클루타민산 등이 많고 특수성분으로는 레시틴이 많다고 한다.

동의보감(東醫寶鑑)에 의하면 석이버섯의 효능은 성질이 차고 평하며 맛은 달고 독이 없으며 속을 시원하게 하고 위를 보하며 피나는 것을 멎게 하며 오랫동안 살 수 있게 하고 얼굴빛을 좋게 하고 배고프지 않게 한다고 한다. 중국에서는 석이버섯을 강정(强精),강장(强壯), 지혈 등에 대한 약재로 사용한다.

석이버섯의 대표적인 효능은 항암과 면역력 강화라고 한다. 석이버섯을 꾸준히 먹게 되면 다당성분이 면역력을 증강시키고 지의성분이 항암에 매우 좋은 효능을 발휘한다고 한다.

또한 석이버섯은 각종 성인병과 신경통에 뛰어난 효능을 발휘한다. 석이버섯을 물에 끓여 수시로 마시게 되면 당뇨와 고혈압 같은 성인병에 도움이 되며 모든 통증을 완화시켜 준다고 한다.

이 밖에 석이버섯 효능들을 보면, 석이버섯은 장운동을 촉진하여 변비를 예방 및 치료한다.

또한 석이버섯에 다량 함유된 레시틴 성분은 뇌세포를 활발하게 움직일 수 있게 도와주어 노인성 치매를 예방하며 시력향상과 기력에 매우 좋은 효능이 있음이 잘 알려져 있다.

석이버섯의 부작용은 성질이 차가워서 소화기관이 약하고 몸이 찬 사람이 다량 섭취할 경우 설사, 속쓰림, 현기증을 유발할 수 있다.

말린 석이버섯을 물에 불려서 약용으로 마시며 물에 불려서 먹으면 소 곱창처럼 오묘한 맛을 느낄 수 있다.

이 이외에도 석이버섯은 석이버섯 회, 석이버섯 볶음, 석이 버섯튀김 등으로 즐길 수 있다. 석이버섯은 염분을 빨리 흡수하여 싱겁게 느낄 수 있으니 평소 간을 맞추는 기준으로 조리하여 담백하게 즐길 수 있다. 그 외에 각종 탕류나 잡채, 부침, 그리고 석이버섯 쌈이나 고명으로도 이용할 수 있다. 어느 음식 재료에 대한 호불호가 갈리듯이 석이버섯 또한 호불호가 극명한 차이를 보인다. 어떤 식도락가는 씹을수록 고소하며 독특한 식감을 나타낸다고 하는 반면 가죽 씹는 맛에 무미하다고 평하는 분도 있어 평가가 갈리고 있다.

더구나 석이버섯에는 오르신올(orcinol)이라는 독성 물질이 들어 있다. 오르시놀은 화학식 $C_6H_3(OH)_2CH_3$의 유기 화합물로 Roccella tinctoria와 Lecanora를 포함한 많은 이끼류에서 발생한다. 개미 종 Camponotus saundersi의 "독성 접착제"에서 Orcinol이 검출되었고 무색 고체이다. 따라서 석이버섯을 물에 충분이 불려서 제거한 후에 요리하여야 한다.

수년전 필자가 몸담고 있던 경희대학교 교수 산악회에서 초가을에 소백산에 다녀온 일이 있었다. 등반을 마치고 내려오는 길에 잠간 들른 휴게소에서 다양한 야생 산야초와 버섯을 팔고 있었는데 그 중에 석이버섯이 눈에 띄었다. 제법 비싼 가격으로 석이버섯을 조금 구입할 수 있었다. 생전 처음 경험하는 석이버섯에 대한 기대감으로 집에 와서 미지근한 물에 담가서 불리고 표면의 상하부위의 흙과 모래를 깨끗이 씻어 내고 채에 건져 구은 돼지 삼겹살을 싸서 먹어 보았는데, 버섯 자체의 특이한 맛은 느낄 수 없었고 그저 보드라운 가죽 씹는 맛이라고나 할까? 큰 기대를 갖고 먹어 보았던 가족들이 적지 않게 실망하였다. 무미(無味)에 가죽 씹는 맛이 별미(?)라면 별미 이었을까? 귀하다는 명성에 비해서는 별 맛이 없어 내자 몰래 꼬불쳐 놓은 비자금이 아깝다는 생각(?)이 들었다.

소머리국밥 : 양념으로 입맛 맞춘 후 국물과 토렴

오래전, 지금은 망해서 흔적도 없어진 알프스 스키장 회원권을 장만하여 여름 겨울 휴가철에는 빠짐없이 설악산과 동해안 북쪽 바닷가를 누비고 다녔었다. 지금은 오랜 공사 끝에 한계령 관통 터널이 생기고 구부러진 도로를 직선으로 펼쳐 놓아서 훨씬 시원하게 길이 정리(?)되었으나 예전에는 좁디좁고 구부러진 길이, 더구나 휴가철에는 교통체증으로 길이 막혀 도로는 그야 말도 거대 주차장(?)으로 변하여 도대체 꼼짝하지를 않고 굼벵이 걸음보다 못한 속도로 기어갈 정도여서 서울에서 한계령 스키장까지 서너 시간에 갈 거리를

열두 시간이 넘게 걸려서야 도착했던 때도 있었다. 스키를 탄뒤 되돌아오는 길 또한 부지하세월을 보내며 짜증이 폭발할 지경에야 겨우 양수리에 도달할 때쯤이면 서울이 가까워서 한결 마음이 가볍고 배도 출출하고 더구나 차안에서 몇 시간을 보냈으니 답답하고…….

이때 생각나는 것이 뜨거운 국물있는 것 뭐 좀 먹고 가자해서 들리던 집이 양수리 다리 밑의 소머리 국밥집이었다.

식탁 등 집안 가구도 초라하기 짝이 없지만 정작 나오는 소머리국밥은 뽀얀 국물에 쫄깃쫄깃한 소 껍질이 씹히는 감촉은 식감도 좋고 맛 또한 구수하여 커다란 깍두기 조각을 얹어 밥말아 먹는 소머리 국밥의 맛은 과히 일품이었다. 거기에다 가격 또한 착하기까지 하여 전 가족이 좋아하였다. 그 후 그 맛을 아는 많은 사람들의 비위를 맞추듯이 온갖 소머리 국밥집이 우후죽순 격으로 전국각지에서 생겨나 원조 타령을 하고 있지만 사실 문헌상 소머리 국밥이라는 명칭은 찾을 수 없다.

소머리 국밥집을 찾아다니느니 아예 소머리를 구해서 집에서 해 먹으면 어떨까? 하는 생각을 하게 되었다. 우여 곡절 끝에 소머리 고기를 두개골과 박리하여 파는 곳이 있다는 곳을 수소문하여 구하게 되어 쾌재를 부르게 되었다. 소머리 고기를 사서 기름기와 부산물을 말끔히 제거하고 큼지막한 들통에 마늘, 파, 생강, 양파, 무 등을 듬뿍 넣고 몇 시간을 고아 고기가 푹 삶아 질 때 쯤 건저 내어 맵시 있게 썰어 내고 양념으로 입맛을 맞춘 후 국물과 토렴하여, 세돌 지난 손녀의 표현대로 '쫀득이' 식감을 전 가족이 함께 즐기고 있다.

필자의 집에서는 소머리 국밥이 흔한 음식(?)에 속하여 가족들이 귀한 것을 모르고 있다. 물론 주방을 어지럽힌다는 주방보조(?)인 내자의 잔소리쯤은 "쇠기에 경읽기"의 경지를 지나친지 오래다.

수년전 고등학교 동문 치과의사회 후배인 문제원 박사가 부친상을 당하여 문상차 서산을 다녀온 있이 있었는데 문상을 하고 식사 중에 나온 머리고기가 맛이 기가 막혀서 물어보니 "소머리편육"이란다. 물론 돼지편육이 보편적이긴 하지만 소머리편육은 사실 과거에는 제법 행세께나 하는 집안의 밥상에서나 간간히 볼 수 있을 정도로 귀하디귀한 음식 이었는데……. 그날 처음 먹어 보고 그 맛에 반하여 필자의 집에서는 소머리 국밥용 고기를 익힌 후 편육용으로 "소머리고기 누름"을 하여 자주 즐기고 있다.

세계적인 문화인류학자 Margaret Mead(1901~1978)는 소고기를 부위별로 세분해 먹는 민족으로 Ethiopia의 Bodi족에 이어 한국인을 꼽았다. 육식이 주식인 영국이나 미국이라고 해도 소고기를 이용하는 부위가 40부위를 넘지 않고, 소고기를 다양하게 즐긴다는 Bodi족조차 51개 부위지만 한민족은 그 두 배가 넘는 무려 120여 부위로 분리해 먹기 때문에 이 부분에서는 과히 타 민족의 추종을 불허 한다. 우리 민족은 그야말로 세계에서 가장 많은 부위로 소고기를 즐기는 미각문화를 지녔다고 자부할 수 있다.

살치, 꾸리, 채끝, 토시, 수구레, 우랑, 우설, 설깃, 업진……. 이 별난 이름들은 모두 소의 부위별 명칭이다. 예부터 우리 민족은 등심이나 갈비, 안심, 사태 등 살코기는 물론 간, 곱창, 대창 등 내장부위와 소머리, 꼬리, 우족, 도가니까지… 소의 울음소리, 하품, 방귀소리만 빼고 다 먹을 정도였다. 우리말 사전에 명시된 소 부위만도 100여 가지에 이르고, 세계적인 문화인류학자가 인정할 정도로 우리 민족은 소고기를 120부위로 세분화해 먹는다.

조선시대 임금님 수라상에는 소의 뇌를 요리한 두골탕이 올랐고, 전통 있는 종가에서는 우족을 젤리처럼 굳혀 한우족편을 겨울철 별미로 즐겼다. 소가죽 안쪽에 붙은 지방육인 수구레를 긁어 먹고, 척추 뼈에 든 등골까지 빼먹고, 그 뿐 아니라 소의 생식기인 우랑과 우신을 넣은 우랑탕을 보양식으로 즐겨왔으니 우리 민족의 음식 문화는 실로 놀랍다.

필자가 광주 조선치대에 몸담고 있을 시절 지금은 고인이 되신 조영필 학장님과 담양의 갈비집을 방문한 적이 있었다. 마침 그날이 소를 잡은 날이라고 해서 접시 가득히 등골을 담아내어 그야 말로 갈비보다는 소 등골로 배를 채운 일이 있었다. 기름소금에 찍어먹는 고소한 맛은 기가 막혀서 그 유명하다는 담양갈비 조차 남기고 나올 정도로 구미를 당겼었다. 아마도 일생 먹을 소등골을 그날 한 번에 다 먹었다고나 할까!

요즈음 같이 코끝이 빨갛게 얼 정도의 추운 날 소고기 편육에 따끈한 소머리 국밥 한 그릇 그리고 거기에 곁들인 소주한잔……. 온갖 세상만사를 다 잊기에 충분하다.

송편 : 참솔잎 손질해 은은한 솔향기 만끽

가을 맛은 송편에서 오고 송편 맛은 솔 내음에서 온다는 말이 있다. 송편은 솔잎과 함께 쪄 내므로 송병(松餠) 또는 송엽병(松葉餠)이라고도 부르는데 추석 며칠 전에 연하고 짧은 참솔잎을 뜯어 깨끗이 손질해 두었다가 송편사이에 깔고 찌면 떡에 솔잎의 향이 자욱하게 배어들어 은은한 솔향기와 함께 가을 산의 정기를 한껏 받을 수 있다.

뿐만 아니라 송편 표면에 솔잎자국이 자연스럽게 새겨져 멋스럽기도 하고 은은한 솔잎 향은 살균효과도 가지고 있어 아직 더위가 가시지 않은 추석 날씨에 며칠 동안 상하지 않게 보관할 수 있는 조상들의 지혜를 엿볼 수 있다. 그러나 최근에는 소나무의 각종 해충을 위한 방제로 천연의 솔잎을 구하기가 쉽지 않다.

추석 때 가장 먼저 수확한 햅쌀과 햇곡식으로 빚은 송편을 '오려송편(올송편)'이라 하여 한 해의 수확을 감사하며, 조상의 차례 상과 묘소에 올렸다. 필자는 어린 시절을 시골에서 보냈는데 집집마다 한가위에 제상에 올릴 메와 송편용으로 특별히 조생종벼(올벼)를 따로 심어 벼이삭에서 일일이 나락을 떨궈 절구에 찧어 햅쌀을 얻던 정성을 보았었다.

또한 중화절(음력 2월 1일)에는 특별히 '삭일송편', '노비송편'이라 하여 송편을 커다랗게 빚어 노비들에게 나이 수대로 주었는데 이는 농사가 시작되는 절기에 노비들의 사기를 돋우어 주고 격려하기 위한 풍속이었다.

송편의 모양은 '반달'을 의미한다. 그런데 추석이면 보름달로 만월의 시기인데 반달모양으로 빚었던 송편 모양의 유래는 백제 시대로 거슬러 올라간다. 백제 의자왕 때 궁궐 땅 속에서 거북등이 하나 쑥 올라오는데, 그 등에 '백제는 만월이요, 신라는 반달이라'고 쓰여 있었다고 한다. 의자왕이 이를 수상하게 여겨 유명한 점술사를 찾아 물어보았더니 '백제는 만월이라 이제부터 서서히 기울기 시작한다는 것이고, 신라는 반달이기 때문에 앞으로 차차 커져서 만월이 될 것'이라며, 역사의 운은 신라로 기울어졌다고 풀이하였다고 한다.

그 후 신라가 삼국통일을 하여 그 말이 사실임이 드러났다. 그리하여 반달모양의 송편이 앞으로의 운을 의미하여 더 나은 미래를 위하여 반달모양의 송편을 빚어 먹었다고 한다.

또 다른 유래로는 달 숭배사상을 가지고 있던 우리 선조들이 자연스럽게 달 모양을 본 뜬 송편을 빚어먹었는데, 동그란 보름달처럼 앞으로 더 성숙하고 풍성해지라는 의미의 발전과정을 담고 있는 형상이라고 한다. 송편은 소를 넣고 접기 전에는 보름달의 모양이었다가 소를 넣어 접게 되면 반달의 모양이 되는 것인데, 송편 한 개에 보름달과 반달의 모양을 모두 가지고 있어 달의 발전과정과 변화를 송편 한 개에 담았다는 것이다.

송편을 언제부터 먹었는지 정확히 알 수는 없으나 1680년 저술된 '요록(要祿)' 이익(李瀷)의 '성호사설(星湖僿說)'과 빙허각(憑虛閣) 이씨의 '규합총서(閨閤叢書)', '부인필지(婦人必知)', 홍석모(洪錫謨)의 '동국세시기(東國歲時記)', '시의전서(是議全書)' 등의 음식 관련 고문헌에 송편의 종류와 이름, 재료, 만드는 방법 등이 기록된 것으로 보아 예부터 추석이면 송편을 빚어 먹어 왔음을 알 수 있다.

송편은 쌀가루에 섞는 재료에 따라 쑥송편, 호박송편, 송기송편 등 이름이 다양하며 햇녹두, 청태콩, 동부, 깨, 밤, 대추, 고구마, 곶감, 계핏가루 등 다양한 재료를 소로 넣거나 지역마다 특징 있는 송편을 빚었다. 서울지방의 송편은 작고 앙증맞아 입 안에 쏙 들어가는 작은 크기로 만드는데 이것은 모든 음식에 멋을 내는 서울의 특징이다. 강원도는 도토리, 감자 등이 많이 재배되어 이를 이용한 도토

리송편과 감자송편 등을 빚었다. 전라도 고흥지방에서는 푸른 모시잎으로 색을 낸 송편을 빚는데 맛이 쌉쌀하여 별미이기도 하고 빛깔이 푸르고 청정하여 돋보인다. 제주도에서는 송편을 둥글게 만들고 완두콩으로 소를 넣는데 비행접시 모양으로 빚는다. 평안도 해안지방에서는 조개가 많이 잡히기를 바라는 마음으로 모시조개 모양으로 작고 예쁘게 빚은 조개송편을 먹는다. 충청도에서는 호박을 썰어 말린 호박가루를 멥쌀가루에 섞어 익반죽해 만든 호박 송편을 만들어 먹는다.

대개 북쪽 지방에서는 송편을 크게 만들고 남쪽지방에서는 작고 예쁘게 빚었다. 송편은 그 지방에서 많이 생산되는 재료로 만들었고, 또 많이 생산되기를 바라는 마음에서 정성껏 음식을 만들어 조상에게 올리며 감사의 차례를 드렸던 것이다. 필자는 오래전부터 추석 송편 전문(?)이 되어 가족에게 봉사하고 있다. 한 집안의 장손에게 시집온 죄(?)로 제사 음식준비로 분주한 내자를 돕는 마음으로 솜씨를 발휘하고 있는데, 아들 녀석이 영 솜씨가 시원치 않아 오래도록 송편 전문을 피할 수 없을 것 같다.

그러나 풍요로운 명절에 풍성한 추석음식을 앞에 놓고 담소를 나누다 보면 자칫 과식으로 이어지기 쉽다. 명절음식의 경우 생각 이상으로 고열량인 경우가 많다. 송편의 경우 5~6개가 밥 한 공기에 해당하는 약 300kcal이므로 식사량 조절과 함께 적당량만 먹도록 신경 써야 한다.

숙주나물 : 해독 숙취 해소에 도움 고혈압에 효능

녹두는 콩과(Leguminosae), 녹두 종에 속하는 한해살이풀 중 하나이며, 인도가 원산지로 중국을 거쳐 한국에 전래되었다. 우리나라에서는 이미 청동기 시대부터 재배를 시작한 역사가 오래된 곡물이며 학명은 Vigna radiata (L.) R.Wilczek이다.

숙주나물은 녹두로 만든 나물인데 굳이 숙주나물이라고 부르는 것은 조선시대의 문신인 신숙주를 비하하는 의미에서 그렇게 불리게 되었다고 하나 사실 그 기원은 명확하지 않다.

신숙주에서 유래했다는 설은 사육신 사건 때 단종에 대한 충성을 지킨 사육신들과 달리 신숙주는 수양대군을 도와 왕위찬탈에 기여했기 때문에 세종대왕과 문종의 유지를 어긴 변절자로 백성들에게 미움을 받았다는 것이다. 그래서 녹두나물이 변절한 신숙주처럼 잘 변한다고 신숙주를 미워한 백성들이 녹두나물에 '숙주'라는 이름을 붙여서 신숙주를 비난했다고 전해진다.

이것이 흔히 알려져 있는 숙주나물이라 불리는 기원이며, 신숙주 집안인 고령 신씨 후손들은 지금까지도 숙주나물 대신 녹두나물이라 부르며, 새로 식구가 된 배우자나 며느리에게 녹두나물이라고 부르도록 가르친다고 한다.

그러나 이 나물의 이름이 신숙주에게서 유래하는지는 확실치 않다. 녹두나물을 부르는 옛 문헌의 표기는 '두아채(豆芽菜)' 또는 '녹두장음(菉豆長音)'이다. 두아채라는 표기는 원나라 때 문헌인 〈거가필용(居家必用)〉이란 책에 나오는 표기다. 그리고 녹두장음이라는 표기는 1808년 편찬된 조선의 요리 서적인 〈만기요람(萬機要覽)〉에 나오는 표기다. 즉 조선시대 문헌에서 한글로 '숙주나물'이라고 부른 기록은 존재하지 않는다.

숙주나물과 신숙주를 연관지은 최초의 한글기록은 바로 〈조선무쌍신식요리제법(朝鮮無雙新式料理製法)〉이라는 책이 최초인데 이 책은 일제강점기인 1924년에 편찬되었다. 원문의 내용은 "숙주라 하는 것은 세조 임금 때 신숙주가 여섯 신하를 반역으로 고발하여 죽였기 때문에 이를 미워하여 나물 이름을 숙주라고 한 것이다. 만두

소를 만들 때 이 나물을 짓이겨 넣으며 신숙주를 나물 이기듯 하자 하여 숙주라 이름한 것이다." 그러나 사육신을 고변한 당사자는 김질이라는 인물이었고 신숙주를 비난하는 소설이 일제 강점기에 유행했던 점을 고려하면 숙주나물이란 단어가 신숙주 당대의 백성들이 신숙주를 비하하는 의미에서 쓴 데서 유래한 명칭인지는 알 수 없으며, 설령 숙주나물의 어원이 정말로 신숙주를 비하하는 의미에서 유래한 것이라고 해도 그것은 기록상으로 19세기 이후로 볼 수 있다.

숙주나물은 매우 저렴하기에 일상생활에서는 단체 급식이나 군대 짬밥의 단골 메뉴다. 또한 지방에 따라 다소 다르긴 하지만 엄연히 제사상에도 한 귀퉁이를 차지하고 있다. 서민의 밥상에 반찬에 올라올 때는 흔히 숙주나물무침으로 올라오는 경우가 대부분이다. 또한 대부분의 동남아 요리에도 숙주나물이 많이 들어가며 베트남 쌀국수에는 필수요소이다.

우리나라에서는 서민의 밥상에 콩나물이 주류지만, 해외에서는 숙주나물이 대종을 이루며 콩나물은 그보다 하위의 나물로 여겨 콩나물을 많이 먹는 나라는 한국이 거의 유일하다.

숙주나물은 아삭아삭한 식감이 일품이나 잘못 삶으면 비린내가 심하기 때문에 기피하는 사람도 많다. 숙주나물은 영양소가 콩나물보다 많이 함유되었다고 하며 특히 숙취 해소에 상당한 도움을 주며 고열과 고혈압에도 효능을 볼 수 있고 해독작용을 나타낸다. 그러나 여름에는 콩나물이나 시금치 같은 다른 채소들보다도 훨씬 쉽게 쉬어 버려서 취급에 주의가 필요하다.

질긴 식감때문에 어느 정도 삶아야 하는 콩나물과 달리, 숙주나물은 콩나물처럼 삶았다간 순식간에 흐물흐물해지므로 데쳐서 익히는 것이 좋다. 사실 우리나라에서는 숙주나물이 데쳐서 무쳐먹는 것이나 육개장처럼 푹 끓이는 장국류의 재료 외에는 그다지 조리법이 많지 않고 콩나물에 비해 훨씬 먹을 기회가 적은 식재료였으나 쌀국수나 라멘 등의 해외 음식을 접하기 쉬워지고 거기서 고명으로 생 숙주를 올려 먹으면 식감이 매우 좋다는 것을 깨닫게 되어 현재는 뜨거운 국물요리를 먹기 직전에 생 숙주를 넣어먹는 조리법이 많이 퍼지게 되었다.

필자는 91년 3월 중순 미국 Michigan 주 Ann Arbor에 위치한 Michigan 치대 구강병리과에서 방문교수 생활을 시작하였었다. 치과대학에서 차로 10분 거리인 Nielsen court 에 반지하 One room Apt를 얻고 코끼리 밥통과 옷 몇 벌과 비상식량으로 서울에서 가지고 간 라면 몇 개가 먹을 것의 전부이었었고, 양탄자가 깔린 마룻바닥에서 겨울용 Jumper를 덮고 며칠을 보냈다. 사실 생활비는 여유 있게 준비하였지만 서울에서 마음 조릴 내자와 아이들을 생각하면 마음이 편할 수만은 없었다.

그러나 필자가 머물던 아파트와 지척에 대형 Mart인 Kroger와 한국 식료품점인 Manna가 있어서 꿀방구리에 쥐드나들 듯 수시로 필요한 물건을 구할 수 있어 단시간에 미국 생활에 적응하였었다. 놀라운 것은 미국 mart에는 숙주나물과 검은 융털 돌기를 무슨 재주로 제거하였는지, 하얀 소 천엽을 아주 착한 가격(?)에 살 수 있었다. Yankee들은 소 천엽 같은 저질(?) 식품에는 눈길조차 주지 않으니 필자 같은 동양계나 Mexican들에게는 감사(?) 하기 그지없었다. 숙주나물을 살짝 데쳐서 멸치 다시다를 넣고, 여기에 데친 천엽을 더해 양념을 첨가하여 냄비 하나 가득 국을 끓여 놓고 김치를 곁들인 쌀밥 한 그릇이 외로운 나그네의 향수를 달래 주는데 일조(?)를 하였었다.

숭늉 : 쌀, 보리로 지은 밥 누룽지 버릴 수 없어

서울 청량리 시장 골목에 허름한 '청국장' 집이 있다. 점심 시간 전후에는 줄을 서서 한참을 기다려야 할 정도로 손님이 붐비지만 기다리는 줄에 서서 누구 하나 불만을 토로하는 사람이 없다. 자리에 앉으면 주문할 것도 없이 잠시 후 따끈한 흰 이팝(?)이 찌그러진 양푼에 담겨 나온다. 혼자 온 손님이라도 어김없이 밥 1인분을 새로 문제(?)의 양푼에 해준다. 손님이 넘쳐나서 이웃 좌석에 합석을 하게 되어도 토를 다는 사람이 없다. 찬은 청국장, 두부무침, 김치겉절이, 고등어 무조림, 콩나물 무침인데 그 이외의 찬을 시키면 추가 요금을 받는다.

김이 모락모락 나는 쌀밥을 주발에 푸고 남은 바닥의 누룽지와 잔반은 바로 물을 부어서 따끈한 숭늉으로 만들어 가지고 오는데, 누른 밥과 노리끼리한 빛깔을 띤 구수한 숭늉 맛이 기가 막혀서 그 집을 자주 찾곤 하였다. 골목 길 밖에도 수많은 '원조. 청국장 집'이 자리하고 있지만 그곳 사정을 모르는 뜨내기손님이나 간혹 갈까? 숭늉과 누룽지의 구수한 맛을 잊지 못하는 고객들이 있는 한 여전히 꿋꿋이 그 자리를 지키고 있다.

91년 미국 Ann Arbor의 Michigan 치대에 방문교수로 간 적이 있었다. 마침 그때 필자가 머물던 실험실에 일본 Nagasaki 치대 구강외과의 Inokuchi 교수가 방문교수로 와서 친하게 지냈다. 당시 필자는 게딱지같은 초라한 Studio Apt도 감지덕지하게 지내고 있었는데 그 친구는 모든 가구, 식기 등이 갖추어진 값 비싼 Furnished apt에서 지내고 있었다. 한번은 그 친구 집에 가서 식사를 하였는데 밥을 먹고 전기밥솥에 누른 누룽지를 그냥 버리고, 따로 녹차를 끓여 주었다. 우리 같으면 바로 누룽지에 숭늉으로 입가심을 할 터인데…….

수년 후 그 교수를 필자가 몸담고 있던 조선치대에 특강연자로 모셨었다. 광주의 한정식 집에서 식사를 대접하였는데 그 때 나온 숭늉을 보고 그 맛에 탄복하기에, 숭늉의 내력에 대해 자세히 설명하며 전년에 그 친구 집에서 전기밥솥 바닥에 누른 누룽지가 숭늉의 재료라는 이야기를 하며 웃었었다.

유교 의례의 근간이 되는 〈주자가례(朱子家禮)〉에서 제사에 음료수로 차를 올리도록 했는데 이는 주자가 생활하던 송나라 때의 풍속이었다. 그러나 차나무가 흔치 않고 차나무도 잘 자라지 않는 한반도의 사정으로 인해서 그 많던 제사 때에 일일이 차를 올리는 것은 결코 쉬운 일이 아니었다. 결국 이재(1680~1746)는 조선의 사정에 맞추어 〈사례편람(四禮便覽)〉(1844년, 목판본)을 편찬하면서 차 대신에 숙수를 사용하라고 주석에 덧붙여 놓았다. 하지만 조선시대에 문헌에 기록된 숙수(熟水)는 대체로 탕약이나 차를 끓일 때 쓰는 끓인 물을 가리키는 경우가 많았다. 그러니 고문헌의 숙수가 반드시 숭늉이라고 볼 수가 없다. 또한 숙수와 함께 숙랭(熟冷) 혹은 숙랭수(熟冷水)라는 말도 나온다. 정확하게 표현하면 냉수를 끓인 물인 숙랭수가 올바른 표기이지만, 그냥 숙랭이라고 쓴 문헌도 보인다. 아마도 숙랭수보다 숙랭이 더 간단하여 말로 자주 쓰다 보니 문자로도 숙랭이 된 듯하며, 숭늉이란 말은 이 숙랭에서 변이된 것으로 여겨진다.

그래도 가능하면 이 숙랭도 주자가례에서 기록된 차라고 적고 부르려고 노력한 듯하다. 영조 때 황덕길(1750~1827)은 그의 문집에서 "제사에서 국을 치우고 그 대신에 차를 올리는 것은 예절이다. 옛사람들은 숙랭이라고 부르지 않고 반드시 차라고 불렀다"고 적었다. 차를 제사에 올리고 마시기까지 하고 싶었던 조선 선비들의 욕구가 이 글에서 그대로 드러난다. 그런 사정은 황덕길과 동시대 사람인 유득공(1749~1807)의 〈경도잡지〉에도 상세하게 밝혀져 있다. "차는 토산물이 없다. 연시(燕市, 연경의 시장)에서 사오거나 작설·생강·귤로 대신한다. 관청에서는 찹쌀을 볶아 물에 타서 이를 차라고 한다"고 했다. 얼마나 차를 마시고 싶었으면, 생강이나 귤 혹은 미숫가루에 꿀을 타서 그것을 차라고 불렀겠는가.

숭늉의 탄생에는 여느 나라와 달리 우리의 선조들이 애용하던 밥을 짓는 그릇이 큰 작용을 했다. 〈조선무쌍신식요리제법〉(1924년)에서 이용기는 “밥을 짓는 그릇은 곱돌솥이 으뜸이고 오지탕관이 그 다음이요, 무쇠 솥이 셋째요, 통노구가 하등이니라”라고 했다. 여기에 언급된 솥은 그 좋고 나쁨을 떠나서 모두 무거운 무쇠 솥이다. 쉽게 들어서 옮겨 씻기가 어렵기도 하거니와 더욱이 귀하디귀한 쌀이나 보리로 지은 밥의 누룽지를 그냥 버릴 수가 없었다. 이 과정에서 숭늉이 탄생했다.

그러나 1960년대 후반이 되면서 전기밥솥의 출현으로 사정은 완전히 바뀌고 말았다. 전기밥솥은 1955년 일본의 전기제품 회사인 도시바에서 처음으로 개발되었고 그 이후 여러 전기제품 회사에서 전기밥솥을 개발하였고 일본산 전기밥솥은 곧장 한국으로 수출되었다.

금성사에서는 1966년에 직접 만든 전기밥솥 제품을 판매하기 시작했다. 마침 전기 생산량이 그 전에 비해 증가하면서 전기밥솥은 편리성이란 이름으로 일반 가정의 부엌에서 종래의 솥을 점차 몰아내었고 누룽지가 생기지 않는 경제적인 이점이 있긴 하였으나 결과적으로 이 전기밥솥에서는 숭늉이 만들어지지 않았다. 누룽지가 생기지 않았기 때문이다.

1970년대 이후 오랜 식습관을 상기시키는 숭늉이나 누룽지를 만드는 제품이나 이를 이용한 음료제품이 개발되어 시판되기도 했지만, 그것은 잠시 주목을 받았을 뿐 대중화의 길을 걷지 못했다. 그러나 수천 년 내려온 식후 구수한 '숭늉' 한 대접의 향수는 여전히 우리 머리에 남아 있다.

아욱 : 여름철 훌륭한 알칼리성 식품 철분 풍부

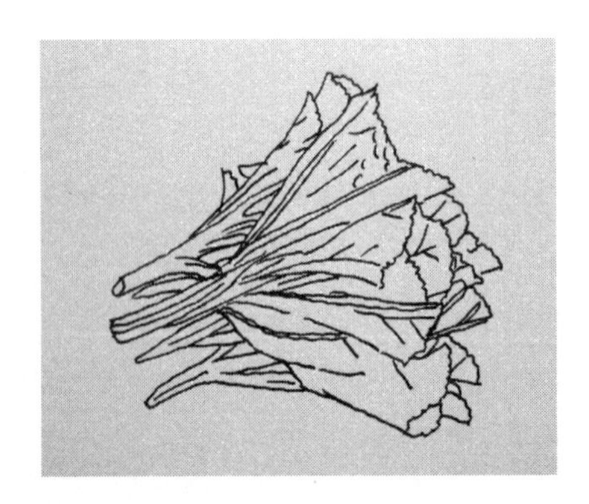

아욱은 아욱과에 속하는 일년초로, 학명은 Malva verticillata Linnd이다. 학명 중 Malva는 그리스어의 malakas, 즉 '부드럽다'는 데서 나온 라틴어 malache에서 유래된 것으로 아욱의 잎이 유연하다는 것 또는 아욱을 먹으면 장의 운동을 부드럽게 하는 효능이 있다는 뜻이고 mallow는 라틴어의 malva로부터 옛 영어 mealwe, mealu를 거쳐서 나온 말이다.

원산지는 중국을 중심으로 북부온대부터 아열대로 추정되며 아시아 및 유럽 남부에서 오래전부터 약초로 재배되어 왔다.

아욱은 국내에선 고려 이전부터 재배해왔다. 손질할 때 줄기 껍질의 섬유질을 벗겨내고 물에 박박 씻어서 미끈한 즙을 씻어내지 않으면 풋내가 나기 때문에 조리가 번거로운 편이다. 철분이 풍부하며, 중국에선 '채소의 왕'이라고 불렸다.

한국에서는 1~2년생이지만 따뜻한 지방에서는 여러해살이다. 높이 60~90cm이며 줄기는 곧게 선다. 잎은 어긋나며 5~7개로 갈라지고 가장자리에 둔한 톱니가 있다. 꽃은 봄부터 가을까지 피며 연분홍색 또는 백색이고 잎겨드랑이에서 모여 달린다. 꽃잎은 5개로 끝이 파지고 꽃받침은 5개로 갈라지며 작은 포엽은 3개인데 넓은 선형이다. 열매는 삭과이며 꽃받침으로 싸여 있다. 봄부터 여름에 걸쳐 어린 줄기와 잎은 국거리로 쓰여 옛날에는 중요한 채소로 재배했다. 씨는 한방에서 이뇨제·완하제·최유제 등의 약재로 쓴다. 한자어로 동규(冬葵:겨울 해바라기)라고 한다.

아욱에 관한 특이한 속담이 있는데, '가을 아욱국은 사위에게만 준다.' 혹은 '가을 아욱국은 계집 내쫓고 먹는다.'라는 성차별하는 것 같은 말이 있을 정도로 가을 아욱이 맛있다는 것을 의미한다. 또 다른 속담으로는 '아욱국 끓이는 냄새가 나면 집나간 며느리도 돌아온다.'라는 말도 있다. 그 외에 아욱이 매우 몸에 좋다는 의미로 '아욱으로 국을 끓여 삼 년을 먹으면 외짝 문으로는 못 들어간다.'라는 속담도 있다.

아욱(冬葵)은 1864년 김형수(金逈洙)가 번역해서 엮은 월여농가(月餘農家)에는 활규(滑葵)로 기록되어 있다. 우리나라에는 고려시대 이전에 전파된 것으로 추정되는데 고려 중엽에 이규보(李奎報, 1168~1241)가 지은 동국이상국집(東國李相國集)의 가포육영(家圃六詠)에서 채소밭에 심은 아욱에 대해 읊은 시가 있다.

중국에서는 전국적으로 널리 분포하고 들판이나 마을 부근의 길가에서도 자주 볼 수 있다. 아욱은 고대 중국의 으뜸가는 채소로서 시경(詩經)에도 기록되어 있다. 중국에서는 예로부터 오채(五菜)의 하나로 귀하게 여겨왔다고 하며 아욱(葵)에 관해서 규일경(葵日傾)또는 규경(葵傾)이란 말이 있는데 이는 '임금의 덕을 우러러 사모한다.'는 뜻으로 아욱 잎이 해를 따라 움직여 그늘을 만듦으로써 뿌리에는 햇빛이 안 닿게 한다는 데서 생긴 것이라고 한다.

일본에서는 고대 한국으로부터 귀화인에 의해 전파된 것으로 추정하고 있으며 아욱으로부터 일본 명칭인 아오이가 유래된 것으로 전해지고 있고 8세기의 고문헌에 채소로 기록되어 있다. 그 후 약용 또는 식용이 되기도 했지만 채소로서의 보급은 별로 없고 주로 한국인이 살고 있는 마을에서 재배되었다고 한다.

아욱은 채소 중에서는 영양가가 고루 있는 편이다. 특히 칼슘이 많아 발육기의 어린이들에게는 좋은 식품이며 여름철에 아욱은 훌륭한 알칼리성 식품이다.

아욱은 연한 줄기와 잎을 식용한다. 아욱은 한국적인 채소로서 옛부터 우리 민족은 된장을 풀어 넣어 끓인 아욱국을 즐겨 먹어왔다. 아욱을 식용하면 장의 운동을 부드럽게 하므로 변비에 유익한 반응을 보인다고 한다. 아욱은 서늘하고 찬 성질을 갖고 있으므로 갈증을 많이 느끼는 사람에게 좋다고 한다. 또 가슴에 번열이 나며 땀을 많이 흘리는 사람도 아욱을 상용하면 여름 더위를 이기는데 도움을 받을 수 있다. 아욱국 이외에도 아욱쌈밥, 아욱나물 등으로 이용되고 있다.

약용으로는 아욱꽃을 말린 것을 동규화(冬葵花)라 하고 종자를 말린 것을 동규자(冬葵子)라고 하는데 이뇨제(利尿劑)로 쓰인다. 씨앗은 산모가 젖이 잘 안 나올 때 달여 먹으면 유효하다고 한다.

누구나 음식에 대한 호불호가 있지만 필자는 특히 아욱국을 좋아한다. 어린잎과 줄기 표면의 껍질을 벗긴 속대를 살짝 데쳐서 멸치를 우려낸 국물에 된장을 풀어 아욱이 숨이 죽을 때까지 푹 끓인 아욱국의 아릿하면서도 달콤한 맛과, 씹을 것도 없이 목구멍으로 술술 넘어가는 그 식감은 세상 어느 성찬과도 비길 수 없다. 이때 쓰는 아욱은 너무 자라서 잎이나 줄기가 너무 억세어진 것은 아욱국 본연의 식감과 아린 맛이 없다. 어릴 적 식욕이 없을 때 어머님이 끓여 주시던 집된장 푼 아욱죽의 맛은 아련한 추억의 한구석을 차지하고 있다.

필자가 광주 조선치대에 몸담고 있을 시절 주말 부부로 지내면서 광주고속에 적잖은 월사금(?)을 내었었다. 광주에서 출발한 고속버스가 중간 여산 휴게소에 들릴라치면 짧은 시간에 생리작용(?)을 해결하고 한식 뷔페식당에서 아욱된장국에 밥을 말아서 풋김치 몇 조각과 함께 허기(?)를 달랬었다. 당시는 처량하기가 그지없는 처지였는데 지금은 아련한 그리움으로 기억 저편에 남아 있다.

19

양배추 : 위점막 보호로 속쓰림 완화기능

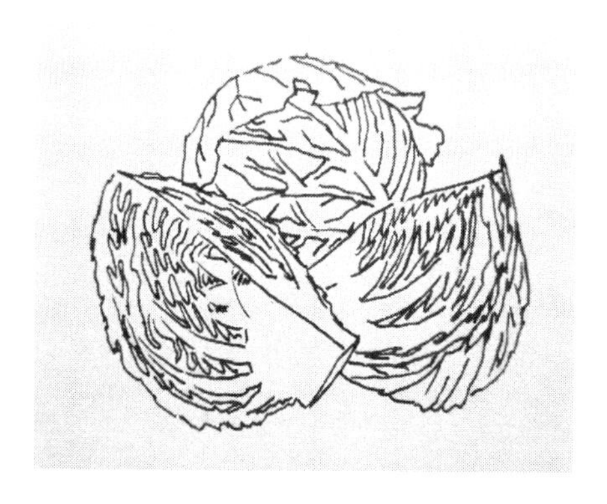

양배추는 고대 그리스 시대부터 즐겨 먹던 채소로 미국 타임즈가 선정한 '세계 3대 장수식품' (요구르트, 올리브, 양배추) 중 하나다. 양배추는 위에 좋은 식품으로 널리 알려져 있는데 암 예방, 혈액순환, 변비 및 피부 개선 등 우리 몸에 이로운 효능이 많아 '약이 되는 채소'라 불린다.

양배추는 배추속 브라시카 올레라케아종에 속하는 채소로 학명은 Brassica oleracea var. capitata L. 1753이다. 서양의 배추라는 뜻의 배추로 지중해, 소아시아가 원산지다.

본래 야생 양배추는 바닷가 근처에서 자라기 때문에 염분에 견디기 위해 잎이 가죽처럼 두껍고, 바람에 견디기 위해 가지에서 갈라져 나온 줄기를 따라 엉성하게 나 있었다. 거듭된 품종개량을 통해 쓴 맛이 없어지고 빽빽한 잎에 즙이 더 많은 현대의 모습이 되었다. 사람의 머리만한 크기에 동글납작한 모양이다. 우리나라에서는 비닐하우스 덕분에 사계절 내내 접할 수 있는 친숙한 채소지만, 자연출하 시기는 4~6월이다. 겨울철에는 가격이 제철에 비해 3배 이상 비싸진다. 색은 일반적으로 녹색과 자주색이 있으며 거듭된 선택배양의 결과로 나온 자주색 양배추는 적양배추라고 부른다.

양배추는 고대 이집트 때부터 먹어왔으며 당시 갓 수확한 양배추의 즙이 '풍요의 신, 민(Min)'의 정액이라고 여기며 정력에 효과가 있는 것으로 여겨 즐겨먹기도 했다.

우리나라의 양배추에 관한 기록으로는 신사유람단 수행원으로 동행한 안종수(安宗洙)가 1881년 집필한 우리나라 최초의 현대식 농학서인 '농정신편(農政新編)'에 나와 있다. 1883년 고종이 미국에 보낸 보빙사절단(報聘使節團)의 일원인 최경석(崔景錫)이 귀국하여 '농무목축시험장(農務牧蓄試驗場)'을 만들고, 여기에 양배추를 최초로 시험 재배하면서부터 우리나라 역사에 양배추가 나타나기 시작했다.

양배추가 우리나라에 도입된 이후 1930~1940년대까지도 주로 중국음식과 서양·일본식 요리에 쓰임새가 많았다. 일제강점기에 한국 땅에 거주하는 중국인과 일본인에 의해 재배되고 이용되다가 6·25 한국전쟁 이후에는 한국에 주둔하게 된 유엔군들에게 공급하기 위해 재배량이 늘어나 외화벌이에 기여하기도 하였다. 양배추는 셀러리, 토마토와 함께 서양인을 위한 채소라는 의미에서 양(洋)채류라고 불렸다. 정부 차원에서는 한국인의 필수식품인 김치의 주재료로 쓰는 배추 수급량 및 채소류 가격 안정화를 위한 대체 채소류로 자리 잡을 수 있도록 노력을 기울였다. 그러나 한국음식 자체에 완전히 스며들기 보다 양식·일식 등을 먹을 때 함께 먹거나 주요 채소류 대용의 보완재로 활용되는 측면이 크다.

양배추는 척박한 환경에서도 잘 자라며, 저장성이 좋고, 특히 사철 재배가 가능하기 때문에 대용 작물로서 가치를 인정받아 왔다. 그러나 한국음식문화에 일본식(와풍和風), 서양음식 형태로 먼저 정착하였다. 대표음식이 채 친 양배추를 마요네즈 소스에 버무린 '사라다(サラダ)'라는 양식 샐러드가 돈가스, 전기구이 통닭, 빵(사라다빵, 고로케 등)과 함께 보급되었다. 특히, 채소 가격이 급등하는 여름철에 양배추의 단가가 상대적으로 높지 않아 대중식당에서 부담없이 사용할 수 있는 부재료로서 제육볶음, 오징어볶음, 쫄면, 떡볶이에 첨가되는 필수 재료로 자리 잡게 되었다.

양배추에 들어있는 비타민U는 위궤양에 좋다. 위 점막을 보호해주고 역류성 식도염 증상인 속쓰림 등을 완화하는 효능이 있다. 양배추는 위염, 위궤양에 특효한 것으로 유명하며, 위장약이나 제산제 대신 양배추를 먹거나 즙을 마시는 경우가 많고 양배추즙 시장

도 따로 형성되어 있다. 일본에는 양배추 성분을 이용한 캬베진(キャベジン)이라는 유명한 위장약도 있으며 최근에는 국내에도 정식 발매되었다.

양배추는 암 예방 효과도 탁월하다. 미국 미시간주립대 조사에서 주 3회 이상 양배추를 먹는 여성은 안 먹은 여성에 비해 유방암에 걸릴 확률이 72% 감소한 것으로 확인됐다. 양배추의 설포라판(sulforaphane) 등의 성분은 위염 및 위암의 원인인 헬리코박터균을 박멸하고 위 점막의 손상을 보호해주기 때문에 히포크라테스도 위가 안 좋은 사람들에게 처방해주기도 하였다.

양배추에는 칼슘이 많고 칼슘의 흡수를 돕는 비타민K가 풍부하다. 양배추 속 설포라판 성분은 관절염의 염증을 제거하며 혈관을 튼튼하게 하는 역할을 한다. 양배추는 탁해진 혈액을 맑게 하는 것은 물론 혈액순환에 도움이 되는 항산화 성분을 갖고 있어 노폐물 배출과 몸의 저항력 강화에 도움이 된다. 양배추에는 식이섬유가 다량 함유돼 있어 장운동을 활발하게 하여 대변이 몸속에 머무는 시간을 단축해 변비 증상이 줄어들게 하는 효과가 있다.

양배추는 100g당 약 20kcal 정도로 열량이 낮아 다이어트 식품으로도 인기가 있다. 생식, 찜, 볶음, 절임, 삶기 등 다양한 조리법과 특유의 달큰한 맛이 있으며 다이어트 음식으로도 각광받고 있다. 양배추는 일본식 볶음요리에 많이 사용되며 소스와의 궁합이 매우 좋다. 이 야채를 이용한 유명한 음식 중 하나가 독일식 김치라고 불리는 자우어크라우트(Sauerkraut)다.

또 상피 세포 재생을 도와주는 카로티노이드 성분과 살균작용에 효과가 있는 식이유황성분이 함유돼 있어 피부 노화 방지 및 피지 조절에도 효과가 있다.

필자가 치과대학 학생 때 지금의 내자와 연애 시절에 명동 뒷골목에 자리 잡고 있던 양배추 쌈밥 집을 자주 찾았었다. 소박하고 거기에다 가격까지 착했던 양배추 쌈밥집에서 강된장을 한 숟가락 올린 양배추 찜 잎에 보리밥을 크게 한 수저 올려 입이 메어지게 먹던 기억을 가끔씩 떠올리곤 한다. 지금은 호호 할머니로 변한 내자와 애틋했던 예전의 그 골목의 '양배추 쌈밥집'의 아련한 추억이 가슴 아리게 한다.

한국 전쟁 시 피란길에서 돌아왔을 때는 물론 미국 방문교수 시절에도 한국에서 먹던 배추를 구하지 못해서 양배추로 김치를 담아먹던 서글픈 추억은 필자의 기억의 한 자락으로 아직 남아 있다.

연꽃 : 카테킨 혈액순환으로 저체온에 효과

진흙 속에 자라면서도 더러움에 물들지 않고 고고한 자태를 뽐내는 연꽃은 '화중군자'라고 불린다. 이러한 모습에 선조들은 연꽃을 보고 '처염상정(處染常淨 ; 더러운 곳에 머물러도 항상 깨끗함을 잃지 않는다)'이라고 말했다. 꽃말인 청정·신성·청순한 마음 등이 그 모습과 무척 닮았다.

연꽃은 불교와 인연이 매우 깊다. 룸비니동산에서 마야부인의 오른쪽 옆구리로 탄생한 싯다르타 태자가 태어나자마자 동서남북으로 일곱 걸음을 걸을 때마다 연꽃이 피어나 떠받쳤다는 데서 불교를 상징하는 꽃이 됐다. 연꽃은 색에 따라 각각 백련·홍련·청련·황련·수련 등으로 나뉘는데, 그 중에서도 백련은 부처님을 상징한다. 특히 진흙 속에 뿌리를 두고 물 위로 솟아오른 줄기와 꽃은, 사바세계 중생들을 제도하면서 진리를 깨치고자 하는 보살의 원력인 '상구보리 하화중생(上求菩提 下化衆生)'을 잘 표현하고 있다. 또한 연 씨는 오랜 세월이 지난 뒤에도 싹을 틔워 '불생불멸'의 가르침을 상징하는 대상이 되기도 한다. 1951년 일본 도쿄대학 운동장에서 발굴된 2000년 전 연 씨 3개 중 1개가 싹을 틔워 자란 '대하연(大賀蓮)'과 2009년 함안 성산산성에서 발굴된 고려시대 연 씨가 700년 만에 꽃을 피운 '아라홍련(阿羅紅蓮)'은 세계적으로 많은 사람들의 관심을 받았다.

우리나라에서 연꽃이 재배되기 시작된 것은 세조9년(1463년) 강희맹이 명나라에 사신으로 가서 명의 옛 수도인 남경을 방문하여 그곳 전당지에서 연꽃의 씨앗을 갖고 들어 온 이후이다. 이후 강희맹이 자신의 거처 부근에서 시험재배에 성공하여 우리나라에선 최초의 연 재배지가 된 곳이 현재의 시흥시 하중동의 관곡지이다. 현재는 강희맹의 생가를 보존하고 연꽃 재배지에 '연꽃테마파크'를 조성하여, 연꽃이 만개하는 7월에는 강희맹의 추모 다례를 진행하고 '연꽃 축제'라는 지역 축제를 개최하고 있다.

연은 쌍떡잎식물로 연꽃과(Nelumbo) 연꽃속(Nelumbo)의 여러해살이식물로 학명은 Nelumbo nucifera이며 부용(芙蓉)이라고도 부른다. 흔히 수련(Nymphaea)을 연꽃(Nelumbo)의 일종으로 혼동하는 경향이 있는데 학술적으로 목 단위부터 완전히 다른 품종이다.

열매는 9~10월경에 타원형의 수과가 까맣게 익는데 잎은 원형의 큰 잎이 뿌리줄기에서 나오며 자루는 잎 뒷면의 중앙부에 달린다. 가시 같은 돌기가 있고 꽃잎과 더불어 수면 위에 떠서 펼쳐진다.

우리가 상용하는 것은 연꽃의 뿌리이지만 아무 연꽃의 뿌리나 먹을 수 있는 게 아니며, 식용할 수 있는 품종은 3~4종류뿐이다. 주로 표토(表土)가 깊고 유기질이 많은 양토(壤土)나 점질양토(粘質壤土)가 적당하며, 유기질 비료를 주로 사용한다. 재배는 간단하지만 진흙 속의 땅속줄기를 상하지 않게 수확하려면 숙련과 많은 노력이 필요하다. 보통 10월 말에서 11월 초에 수확하는 가을 연근이 가장 즙이 많고 맛이 좋다고 한다.

연근은 한 마디가 400g 이상 나가는 굵기에 백색이고 구멍의 크기가 고른 것이 좋으며, 조리할 때에는 껍질을 벗긴 직후 소금이나 식초를 넣은 물에 잠깐 담가두면 떫은맛을 제거할 수 있어 연근 특유의 맛을 더 살릴 수 있다.

연근은 특유의 단맛과 아삭아삭한 식감 덕분에 한국 요리는 물론 각 나라의 요리에 꽤 많이 쓰이는 식재이다. 조리 방법도 연근죽, 연근밥, 연근김치, 연근정과, 연근찜, 연근전, 연근빈대떡, 연근 흰콩 야채 조림, 연근 새우살 튀김, 연근 튀김, 연근 볶음, 연향차, 연근딸기 주스, 연자술, 연근과자 등으로 우리에게는 친숙한 음식의 재료이다.

더불어 각종 질병에 효능이 뛰어나서 오래 전부터 한방에서 약재로 이용되어왔다.

연근에는 탄닌, 철분, 아미노산, 비타민C 등의 영양소가 풍부하여 100g 중에 레몬 한 개 정도의 함유량인 55mg정도를 가지고 있으며, 녹말로 보호되어 쉽게 파괴되지 않는 특징을 가지고 있다. 연근을 잘랐을 때 검게 변하는 것은 탄닌성분과 철분 때문인데 탄닌의 수렴성 성질 때문에 상처 틀어막고 빨리 낫게 하는 효과도 가지고 있다.

그리고 카테킨 등의 성분이 혈액순환을 개선하고 혈액의 점도를 개선하여 신진대사를 활발하게 하기 때문에 수족냉증, 저체온의 개선에도 뛰어난 효과를 나타낸다. 따라서 한의학에서는 연근을 따뜻한 성질로 분류한다.

연의 부위별 효능으로는 연자에는 콩팥기능 보강, 불면증, 정력증강에, 연잎에는 설사, 두통, 어지럼증, 코피, 야뇨증, 산후어혈치료에, 뿌리에는 각혈, 토혈, 치질 등의 지혈효과에, 암술에는 이질치료 등에 효과가 있다.

그러나 연근은 절대 생으로 먹으면 안 되고, 씻거나 썰 때도 관리가 필요하다. 연근 같은 수생식물 뿌리에는 흡충류의 기생충 유충이 많으며 약한 독이 있기 때문에, 반드시 익혀서 섭취해야 한다.

21

오이 : 강한 알칼리성으로 산성화된 몸 중화

오이는 박과, 오이종에 속하는 한해살이 넝쿨로 학명은 Cucumber Cucumis sativus L.이다. 오이는 여름에 노란 통꽃이 잎겨드랑이에서 피고 열매는 긴 타원형의 장과(漿果)로 누런 갈색으로 익는다. 열매는 식용하며, 인도가 원산지로 세계 각지에 분포한다.

오래전 광주 조선치대에 몸담고 있을 시절 치과대학에서 모든 교수가 참석하여 전북 남원의 지리산 자락에 자리 잡은 온천콘도에서 1박 하며 치의학 교육방법에 관한 Workshop을 한 일이 있었다.

당시 초청연사로 서울의대 의학교육연수원의 김용일, 김석화 교수님을 모셨는데 다음날 남원 읍내에서 초청연사를 모시고 교수 일행이 점식식사를 하는 중에 식단에 오른 '오이'를 보고 화제가 되었었다. 마침 음식점 주인 말씀이 여러 가지 오이가 있지만 그중에서도 산동오이가 품질이나 맛이 뛰어나 최고로 치는데 이 '산동오이'의 본고장이 바로 남원읍 산동면으로 우리가 식사한 곳에서 별로 멀지 않은 곳에 위치하고 있다는 것이다. 모임이 파한 후 서울 가시는 교수님께 기념품(?)으로 '산동오이' 한 상자씩을 드렸다.

두 분 교수님은 얼김(?)에 선물 받은 뜻하지 않은 산동오이를 한 상자씩 들고 서울 행 비행기 편에 탑승하셨었다. 그 후 가락시장에서 내자의 장보기에 짐꾼으로 동행(?) 하면서도 산동오이를 보면 옛 생각이 나서 슬며시 미소를 짓곤 한다.

오이는 여러 가지 용도로 쓰이지만 오뉴월 염천에 등산을 하면 땀이 비 오듯 쏟아지고 수분을 보충하려고 엄청난 양의 물을 마시곤 한다. 바로 이 때 오이를 한입 베어 물면 갈증과 탈수를 한결 가볍게 한다.

필자가 어릴 적에 입맛 없는 오뉴월 염천을 지날 때 찬물에 밥을 말아서 고추장에 찍은 오이지 한 쪽을 곁들인 맛이란 어떤 성찬과도 비할 수 없었다.

1991년 필자가 미국 Ann Arbor의 Michigan 치대 방문교수 시절 매주 토요일 아침 일찍 Ann Arbor의 Kerrrytown Mart 근처에서

농부들이 자기가 재배한 다양한 과일, 채소 등의 농산물을 가지고 와서 파는 Farmers market이 열리곤 하여 자주 찾았었다. 미국의 오이는 그야말로 홍두깨급(?)이라 크기와 모양조차 끔찍하고 오이 속에는 더구나 큼지막한 씨가 자리하고 있어 맛조차 별로 이었는데 이 Mart에서는 한국의 시골 텃밭에서나 볼 수 있는 못 생기고 베리베리한 어린 오이가 자리하고 있어서 정감을 느끼기에 충분하였다. 기쁜 마음에 한 무더기 사가지고 와서 독학으로 배운 오이김치, 오이소박이를 담아서 외로운 향연(?)을 즐기곤 하였었다.

오이는 아삭한 맛과 싱그러운 향, 초록의 색깔 때문에 음식으로도 환영받을 뿐 아니라, 몸을 맑게 하고 화상 치료에 탁월한 효능이 있어 민간요법으로도 다양하게 이용되어 왔다.

오이는 강한 알칼리성 식품으로 산성화된 몸을 중화시키고, 이뇨 작용이 있어 부기를 뺀다. 또한 열을 내리고 해독 효과가 뛰어나 화상의 명약으로 꼽히며, 가려움증이나 땀띠 등을 가라앉힌다. 오이의 비타민C는 신진대사를 원활하게 하고 감기를 예방하며, 피로와 갈증을 풀어준다. 〈동의보감〉에도 오이는 이뇨 효과가 있고, 장과 위를 이롭게 하며, 소갈(消渴)을 그치게 한다고 나와 있다. 이러한 오이의 효능들은 흔히 조선오이라고 하는 백오이에 훨씬 많다.

오이에는 칼륨이 많이 들어 있다. 칼륨은 몸속에 쌓인 나트륨과 함께 노폐물을 밖으로 내보내는 역할을 한다. 특히 나트륨은 소금의 성분으로, 짜게 먹는 사람에게는 오이가 더 없이 좋은 식품이라 할 수 있다. 칼륨이 몸속의 노폐물을 배설하면서 수분이 함께 빠져나가기 때문에 부종을 낫게 하는 효과가 있다. 몸이 부었을 때 오이 넝쿨을 달여 먹으면 부기가 빠진다.

오이는 성질이 차고 해독 작용이 있어 몸의 열을 내리는 효과가 뛰어나다. 발열과 오한, 화상, 타박상 등을 치료한다. 또한 95% 정도가 수분이어서 갈증을 푸는 효과가 있다.

오이의 쓴맛은 큐커바이타신(cucurbitacin)이라는 성분 때문이다. 이 성분은 오이뿐 아니라 수박, 참외, 멜론, 호박, 애호박 등 대부분의 박과 식물의 설익은 과육에 존재하는 것으로, 품종에 따라 약간의 차이가 있지만 보통 발육이 불완전할 때 쓴맛이 나며, 오이가 익을수록 쓴맛을 내는 성분이 줄어든다. 설익은 오이에서는 cucurbitacin의 함량이 높기 때문에 쓴맛이 강하게 나며 주로 꼭지와 끝 부근에서 쓴맛이 강한데, 보통 조리할 때는 이 쓴맛을 제거하기 위해 오이의 양쪽 꼭지 부분을 잘라내고 쓴다. 오이의 꼭지 부분에 분포하는 cucurbitacin A, B, C, D 중 cucurbitacin C는 암세포의 성장을 억제하고 cucurbitacin B는 간염에 효과가 있다.

이 cucurbitacin은 steroid 일종으로 벌레나 초식동물들이 오이를 먹는 것을 막기 위해 발달한 독성분이라 식중독의 원인이 되기도 한다.

오이는 칼로리가 낮으면서 비타민C가 풍부하기 때문에 피부를 해치지 않고 단기간에 살을 뺄 수 있게 해준다. 또한 섬유질이 풍 부해 신진 대사를 돕고 대장 활동을 좋게 하는 효과도 얻을 수 있다.

신선한 오이는 오이 특이의 향이 있어 샐러드·오이소박이 등의 생식용으로 이용된다. 오이는 오이소박이·오이지·오이장아찌, 오이 샌드위치, 오이 초절임, 오이냉국 등으로 다양하게 음식의 재료로 이용된다. 늙은 오이는 '노각'으로 불리는데 '늙은 오이' 즉 '老瓜(노과)'가 변한 말이라 추정된다. 이 또한 노각무침 등 반찬의 재료로 사용된다.

옥수수 : 식이섬유 풍부해 변비 예방 도움

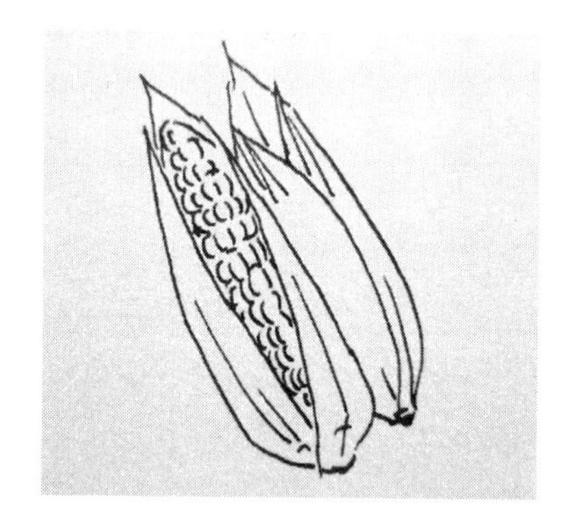

필자는 어릴 적 시골에서 밤하늘의 별이 가득한 한여름 밤에 모깃불을 피우고 멍석에 앉아 김이 모락모락 나는 고소한 찰옥수수를 씹던 목가적 풍경을 마음 한구석에 간직하고 있다.

옥수수는 가축의 사료 외에도 에너지, 산업 소재, 제약 원료로 다양하게 이용되고 있다. 옥수수 전분을 이용해서 물엿과 같은 또 다른 가공식품을 만들기도 하고 콘플레이크나 팝콘도 만들고 액상 과당으로 만들어 아이스크림에 이용되고 세제나 프린터용 잉크, 심지어는 플라스틱이나 코팅용 종이, 코팅용 소재나 필름, 위스키나 맥주 생산에 이용된다. 가장 주목받고 있는 것이 바로 옥수수를 활용한 바이오 연료이다. 즉 옥수수에서 에탄올을 추출해서 이를 기존 휘발유와 일정 비율로 섞어 자동차 연료로 사용한다. 옥수수는 다방면으로 이용가치를 지녀 우리나라가 세계 2위의 옥수수 수입국의 위치를 지키고 있다.

옥수수(玉수수, Zea mays)는 벼과에 속하는 한해살이 식물로, 벼, 밀과 함께 세계 3대 화곡류(禾穀類) 식량작물에 속한다. 옥수수는 고온에서 광합성 효율이 높은 C4 식물이기 때문에 한 알에서 수백 배 가량 수확할 수 있다.

옥수수는 남아메리카가 원산지로 영국, 스페인, 포르투갈이 아메리카 대륙을 정복한 이후에 유럽으로 갖고 와서 전 세계에 퍼지기 시작했다. 멕시코 남부에서 약 1만년 전 원주민에 의해 처음 경작된 흔적이 발견되었다.

우리나라에서는 중국에 전래된 시기로 비춰볼 때, 16세기 조선시대에 중국을 통해 들어온 것으로 추정된다. 일본은 16세기에 포르투갈 사람에 의해, 중국은 1590년 스페인 또는 포르투갈 사람에 의해 전파되었다고 한다.

한국에선 예부터 강냉이, 옥수꾸, 강내미, 옥시기라 불리고 있으며 중국은 옥촉서(玉蜀黍), 포미(包米), 포곡(苞穀), 진주미(珍珠米) 및 옥미(玉米) 등으로 불렀다. 학계에서는 옥수수를 Maize로 표기하는 것을 원칙으로 한다.

옥수숫대는 2~3m 정도로 크게 자라며 대 하나에 위 아래로 걸쳐 옥수수가 4~5개 정도 달린다. 꽃은 암꽃과 수꽃으로 나누며 암꽃이 6~7월에 달려서 수정이 되면 8월쯤에 익는데, 수염 색깔이 연듯빛 도는 흰색에서 갈색으로 변하면 다 익은 것이다. 옥수수수염이라고 부르는 것이 옥수수의 암꽃이며, 옥수숫대 위쪽에서 피는 벼처럼 달리는 이삭이 수꽃이다. 옥수수는 풍매화라서 바람이 불면 수꽃의 꽃가루가 바람을 타고 날아가 암꽃에 들러붙어 수정한다.

옥수수는 색깔이 다양한 열매이기도 하다. 쌀과 밀을 압도하는 단위 면적당 생산량을 나타내며, 높은 지방 함량(높은 칼로리)과, 짧은 수확기간을 지녔으며, 토질, 수질을 가리지 않아 척박한 환경에서 세심하게 관리하지 않아도 잘 자란다. 게다가 쌀이나 밀과는 달리, 복잡한 가공 과정이 없으며 삶아서 먹거나 구워서 먹을 수도 있고 기름도 짜낼 수 있으며 가루를 내서 밀가루처럼 면이나 빵을 만드는 등 여러모로 유용한 작물이다. 하지만 치명적인 단점으로 어마어마한 지력 소모를 보인다는 것이다. 옥수수를 심으면 연작은 가능하면 피해야 하고, 휴경기를 길게 보내야 한다.

중국의 고의서 본초강목(本草綱目)에는 "옥수수는 단맛이 있으며 독성이 없고 위장을 다스리며 막힌 속을 풀어준다."고 기술돼 있다. 동의보감(東醫寶鑑)에는 "옥수수수염이 배뇨장애 해소, 신장 기능 개선 효과가 있다."고 기록되어 있다.

옥수수의 씨눈엔 필수 지방산인 리놀레산이 풍부해 콜레스테롤을 낮춰주고 동맥경화 예방에 도움을 준다. 식이섬유가 풍부해 다이어트와 변비 예방에 도움이 된다. 그러나 옥수수는 라이신·트립토판 등 필수 아미노산의 양이 부족한 편으로 옥수수를 먹을 때는 라이신이 풍부한 콩, 트립토판이 풍부한 우유·고기·계란 등을 함께 섭취하는 것이 좋다.

슈퍼옥수수를 개발하여 옥수수 박사로 세계적으로 알려진 김순권(金順權) 교수는 기아에서 허덕이는 아프리카 사람들을 배고픔에서 구해준 고마움의 답례로 Nigeria에서 명예추장으로 추대될 정도로 현지인의 각별한 사랑을 받았다고 한다. 김 교수는 나이지리아에서 아프리카 국제열대농업연구소(IITA) 옥수수 육종연구관으로 근무하다 오랫동안의 생활을 접고 귀국하여 경북농대 교수로 자신이 개발한 옥수수를 농대 실습지에 심어서 육종연구에 몰두할 즈음에, 아침저녁으로 소풍 차 그곳을 지나던 동네 주민들이 심심파적으로 가격을 매길 수 없을 정도로 귀한 옥수수 종자를 깡그리 도륙(?)하여 '제발 옥수수를 돌려 달라.'고 하소연하는 김 교수의 호소를 보도한 방송을 접한 일이 있었다.

세계적인 학자로 각국의 호의적인 제안을 뿌리치고 귀국했던 김 교수는 정작 귀국 후 짧은 기간의 연구비 혜택 이후로는 오랫동안 찬밥신세(?)를 면치 못했고 최근에는 월등히 좋은 연구조건을 제시한 중국에서 활동을 계속하고 있다는 신문 보도를 보면서 아쉬운 마음을 금할 수 없었다.

옥수수는 우리나라에서 강원도의 올챙이국수 이외에는 주식이라기보다는 간식의 개념을 벗어나지 못하고 있다. 옥수수 전, 옥수수 마늘버터구이, 옥수수 수프, 옥수수 탕수육, 옥수수 맛탕 등의 퓨전요리가 개발되어 젊은이들의 입맛을 사로잡고 있다.

우동과 짬뽕 : 재료를 볶느냐의 여부로 판가름

광주 조선치대에 몸담고 있을 시절, 해외여행이 자유화되기 전인 1982년 겨울 일주일에 걸쳐서 계기성 교수, 황광세 교수 등과 같이 일본 Tokyo, Osaka 지방의 대학을 방문했던 일이 있었다. 일본에서 며칠 지나니 들척지근하고 시큼한 일본의 음식을 도저히(?) 견딜 수 없어 약간의 기대감을 가지고 그곳의 중식당을 찾았었다. 그들이 영어를 모르고 우리 또한 일본어로 음식을 설명할 수 없어 차림표의 한문으로 대충 뜻을 이해하고 짜장면과 유사한(?) 음식이기를 기대하면서 주문했는데 기름에 볶은 라면 같은 느끼한 국수가 나와서 곤욕을 치른 경험이 있다. 거기에는 짜장면, 짬뽕, 우동은 물론 아무리 찾아도 비슷한(?) 것도 없었다! 며칠 후 Osaka에 가서야 지금은 고인이 된 Osaka 치대의 안병선 교수의 안내로 그곳 식당에서 한국에서와 비슷한(?) 우동을 겨우 맛 볼 수 있어 쾌재를 부른 기억이 있다.

Gallop의 조사로 한국인이 가장 좋아하는 중국음식을 알아본 결과, 1위는 '짜장면'(43.3%)으 로 2위인 '탕수육'(17.4%)에 크게 앞섰으며 '짬뽕'(11.1%)은 3위에 그쳐 '짜장면'과 '짬뽕' 인기 순위 결과는 비교적 싱거운 듯하였고 우동은 순위에 한참 밀렸었다.

우리나라 중식당 차림표의 한구석을 차지하고 있는 우동과 짬뽕의 내력을 알아보면 흥미 있는 사실을 알 수 있다.

사실 우동은 소멘, 소바, 라멘과 함께 일본 국수를 대표하는 음식이다. 우동은 일본에서 에도(江戸)시대(1603~1867)부터 널리 보급되기 시작했다. 간사이(關西)의 우동, 간토(關東)의 소바라는 말이 있을 정도이니 말이다. 간사이 지역에서는 우동의 재료인 밀이 풍부하고, 토양에 화산재 성분이 많이 섞여 있는 간토지방에서는 메밀이 많이 나기 때문에 생겨난 말이다.

일본어 우동(うとん)은 본래 중국어 온돈(烏冬面 또는 饂飩)에서 비롯된 말이다. 사실 중국 음식 중에서 우동이라는 이름을 가진 요리는 물론 없거니와 중국 식당에서 내는 우동과 일본 우동은 면을 만드는 방법이나 국물 맛도 전혀 다르다. 중국 산동지역 사람들이

겨울에 즐겨 먹는 타로면(打滷麵) 또는 대로면(大滷麵)이 그나마 우동과 비슷하지만 간장과 전분소스를 사용한다는 점에서 역시 우동과는 차이가 있다.

그렇다면 어떤 경로로 일본 음식인 우동이 중국 식당에 이름을 올리게 되었고 지금까지도 대표적인 중국 음식의 하나로 사랑을 받고 있을까. 우동은 일제강점기에 조선에 들어와 1927년 무렵 우미관 앞에 우동집이 이미 있었고, 광교에도 일본인이 운영하는 천금(天金)이라는 우동집이 있었다. 이 무렵 중국식당을 경영하던 화교들이 일본인들에게 익숙한 우동이라는 이름을 내걸고 비슷한 중국 국수 요리를 팔았을 가능성이 높다. 물론 이 과정에서 중국 국수와도 다르고 일본의 여느 우동과도 다른 제3의 새로운 맛이 만들어졌을 것이다.

이것저것 질서 없이 뒤범벅된 것을 짬뽕이라고 부르기도 하니, 아예 짬뽕을 순수 우리말로 알고 있는 이도 적지 않다. 그러나 짬뽕은 19세기 말 일본 나가사키(長崎)에서 탄생한 라면의 한 종류이다. 19세기말 중국에서 가깝고 국제화된 항구였던 나가사키에는 중국인 무역상과 청운의 뜻을 품고 건너온 수많은 중국 출신의 일본 유학생이 머물고 있었다. 당시 중국 복건성출신으로 나가사키에서 중식당을 경영하고 있던 진평순(陳平順 ; 일본이름 진헤이준)은 가난한 중국유학생이 배를 곯는 현실을 안타까워 한 끝에, 손쉽게 구할 수 있는 재료를 섞어서 싸고 맛있는 푸짐한 국수를 만들었다. 이때가 1899년경이었다. 처음에는 인근 화교 식당에서 쓰다 버린 돼지뼈, 푸성귀를 모아서 적당히 끓여 유학생들에게 싼값에 판매하던

국수가 큰 호평을 얻으면서 참퐁(チャンポン)이란 이름까지 붙게 되었다. 돼지고기, 닭고기, 생선, 새우, 오징어, 모시조개, 굴, 파, 숙주, 당근, 표고, 목이버섯 등 15가지가 넘는 재료를 볶아서 국수와 함께 돼지뼈와 닭뼈를 곤 국물을 부어 끓인 정식 음식이 된 것이다. 지금은 그의 증손자가 그 자리에서 사카이로(四海樓)라는 중식당을 운영하고 있다. 이곳이 나가사키 짬뽕의 탄생지라는 사실이 알려지면서 많은 관광객이 방문하고 있고, 2층에는 짬뽕박물관까지 들어서 있다. 짬뽕이라는 이름의 유래는 분명하지 않다. 당시 나가사키항에서 부두노역을 하던 복건성 출신 노동자들이 나누던 인사말 '샤뽕(吃飯)'이 와전되었다는 설, 온갖 잡다한 것을 뒤섞어 요리한다는 의미를 가진 중국어 찬펑(攙烹)이라는 말에서 따온 이름이라는 설, 에도바야시에 쓰이는 징과 북의 소리인 '참'과 '퐁'을 합친 이름이란 설 등이 있다.

중국에도 돼지뼈 닭뼈 등을 곤 국물에 볶은 야채와 국수를 함께 넣고 끓이는 짬뽕과 유사한 음식이 있는 데 바로 산동 지역의 초마면(抄碼麵)이다. 이 초마면이 식민지 시대를 거치면서 당시 일본인들에게 친숙해져 있던 짬뽕이라는 이름을 얻게 된 것이다. 흰 빛깔 그대로의 음식이던 초마면에 한국인의 입맛에 맞도록 고춧가루와 고추기름을 사용하여 지금과 같이 맵고 얼큰한 음식으로 변하게 되었다.

짬뽕과 우동의 부재료는 상황에 따라서 달라지므로 부재료로 짬뽕과 우동을 구분하기는 불가능하다. 사실 짬뽕과 우동의 유일한 차이는 재료를 볶느냐의 여부이다. 미리 볶은 재료를 면과 함께 끓이면 짬뽕이고, 재료를 볶지 않고 처음부터 면과 함께 끓이면 우동이다. 인천 차이나타운으로 건너온 초마면이 일제 강점기를 거치면서 일본 나가사키에서 비슷한 조리법으로 만들어진 음식인 '짬뽕'이라는 이름을 얻게 된 것이다. 그런데 기름기가 많은 짬뽕이 한국인의 입맛에 맞지 않자 재료를 볶지 않고 유사한 방식으로 끓인 새로운 국수가 개발되었고, 이 국수에 일본인들은 물론 식민시대 한국인에게도 친숙해 있던 우동이라는 이름이 붙게 되었다. 결국 짬뽕과 우동은 중국, 일본, 한국의 음식문화가 어우러져 만들어진 지극히 동양적인 요리인 셈이다.

은행열매 : 수나무 은행잎 유전자 검색 성별판정

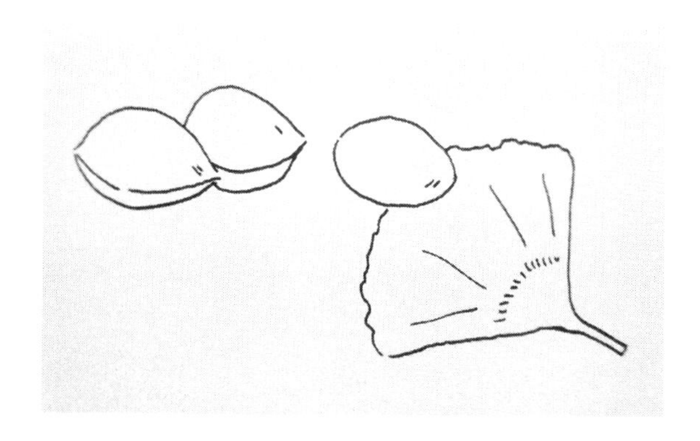

지구에서 첫 생명체가 탄생한 이후로 수십억 년의 세월이 흐르면서, 다섯 번의 '대멸종'을 포함하여 크고 작은 멸종사태들을 많이 겪다보니 수 많은 생물들이 새로 생겨나고 멸종하기를 반복하였다.

현재 우리가 볼 수 있는 동물과 식물 중에는 1억~2억년 이상의 오랜 세월동안 거의 변하지 않은 모습으로 살아온 것들도 있고, 오래전에 멸종한 것으로 알았지만 뜻밖에도 생존이 확인되어 놀라움을 안겨준 종들도 있다. 은행나무는 신생대 에오세(Eosene

Epoch;5500만년전)에 번성하였던 식물로, 현존하는 종은 은행나무문으로 당시 식물 가운데 유일하게 남아있어 "살아있는 화석"으로도 불린다. 지구상에 은행나무가 처음 나타난 것은 약 3억5000만 년 전인 고생대 석탄기 초로 추정되며, 중생대 쥐라기(Jurassic Period) 때 가장 번성했으므로 공룡들과도 동년배(?)인 셈이다.

은행나무가 매우 독특한 존재로 생물 분류학상 상당히 이례적인 위치에 있다. 즉 은행나무종(Ginkgo biloba)의 위 단계 범주인 은행나무속-은행나무과-은행나무목-은행나무강으로까지 거슬러 올라가더라도, 다른 식물은 이미 소멸되어 분류에 포함되지 않고 오로지 은행나무 한 종만이 존재하며 '강'보다 더 위 단계인 겉씨식물 '문'에 이르러서야 비로소 다른 식물들이 등장한다.

은행(銀杏)나무(학명 : Ginkgo biloba)는 겉씨식물에 속하는 낙엽성 교목으로 심은지 무려 30년 가까운 세월이 지나야만 종자를 맺을 수 있는데, 이처럼 손자 대에 이르러서야 종자를 얻을 수 있다고 해서 일명 '공손수(公孫樹)'라고 불리기도 하며, 잎의 모양이 오리다리와 닮았다고 하여 압각수(鴨脚樹)로도 부르며 한국·중국·일본 등지에 분포한다.

은행나무의 잎은 부채꼴로 중간부위가 갈라진다. 은행잎은 긴 가지에서는 어긋나며 짧은 가지에서는 3~5개씩 조밀하고 어긋나게 달려 마치 한곳에서 자라난 것처럼 보인다. 또 긴 가지의 잎은 깊이 갈라지며 짧은 가지의 잎은 가장자리가 밋밋한 것이 많다. 봄에 새잎이 돋고 가을에 노랗게 단풍이 물든 후 낙엽을 떨군다. 수분기는

4~5월경이며, 암그루에는 2개의 배주가 T자형의 자루에 붙어 잎과 함께 피며, 수그루에는 1~7개의 포자수가 잎과 함께 피어난다.

은행나무는 겉씨식물이며, 흔히 열매로 여겨지는 은행 알은 식물 형태학적으로는 씨(종자)이다. 9~10월 무렵에 열리는 황색의 종자는 크게 바깥쪽 육질층(육질외종피, sarcotesta)과 딱딱한 중간 껍질(후벽내종피, sclerotesta), 그리고 그 안쪽의 얇은 껍질(내종피, endotesta)로 이루어져 있다. 그 중 황색의 육질외종피는 악취를 풍기며, 그 악취로 인해 각 지역에서 암나무와 관련된 민원이 매우 많이 발생하고 있다. 또한, 빌로볼과 은행 산이라는 점액 물질이 있어 인체에 닿으면 염증을 일으킨다.

은행나무의 씨에는 인체에 유해한 성분으로 MPN(4-methoxypyridoxine)이라는 물질이 있음이 밝혀져 깅코톡신(Ginkgotoxin)이라는 이름이 붙었다. 은행의 열매 날것 한 알에는 80μg의 MPN이 있으므로, 소아의 경우에는 하루에 5알 이상을 먹거나 장기간에 걸쳐 섭취하는 경우에는 중독 증상이 발생하여 사망에까지 이를 수 있으므로 특히 주의해야 한다.

1980년대를 살아온 많은 사람들은 '한국산 은행잎 수출 논란'이라는 사건을 기억할 것이다. 한국산 은행잎에서만 추출되는 '징코프라본 글리코사이드'는 고혈압과 당뇨, 심장질환 등에 탁월한 효능을 보였는데, 당시 독일의 쉬바베사(Schwabe group)는 한국에서 연간 은행잎 1200~1500톤가량을 톤당 3000~4000달러의 헐값에 독점적으로 사들여 3600만~6000만 달러를 들여 은행잎을 완제의 약품화하여 50억달러의 수익을 얻었을 것으로 추정된다.

1981년 쉬바베사가 개발한 성분과 동일한 성분을 자체적으로 추출하는 데 성공한 동방제약은 1985년 "독일 쉬바베사가 한국의 진귀한 자원을 독점적으로 사들여 엄청난 수익을 누렸다."며 미국 특허청에 제소하여 3년간의 공방 끝에 결국, 동방제약의 승리로 끝났다.

은행나무는 수형이 크고 깨끗하며, 오래 살아 고목이 많다. 다 자란 은행나무의 높이는 보통 10~15m에 이르나, 간혹 높이는 40m까지, 지름은 4m까지 자라는 것도 있다. 대한민국에서 가장 오래된 은행나무는 양평 용문사 은행나무로, 나무의 나이는 약 1100년이고 높이 41m, 둘레 11m에 이른다. 천연기념물 제30호로 지정되어 보호받고 있다.

은행나무 열매는 당연히 암나무에서만 열리지만, 어린 은행나무가 어른 나무로 자라나 종자를 맺기 전까지는 암수를 구별하기가 극히 힘들었다. 은행 알을 수확하기를 원하는 농가에서는 암나무를 키우면 될 것이고, 가로수로는 고약한 악취를 풍기는 은행 알을 맺지 않는 수나무가 더 나을 것이다. 지난 2011년에 국립 산림과학원에서 은행잎을 이용하여 암수를 감별하는 효율적인 방법을 개발하였는데, 수나무에만 존재하는 유전자 부위를 검색하면 1년생 이하의 어린 은행나무들도 암나무인지 수나무인지 정확히 구별할 수 있다고 한다.

은행을 이용한 요리로는 은행구이, 은행밀쌈, 은행마늘꼬치, 은행밤

호두무침, 은행검은콩장조림, 은행죽, 은행찹쌀경단, 은행살구말이, 은행소스 해물샐러드, 은행 쇠고기완자볶음, 은행영양밥 등이 있어 고급스런(?) 한정식의 한 자리를 당당히 차지하고 있다.

인삼 : 한국요리의 국제화에 기여

인삼(人蔘, 영어 : Panax ginseng 또는 Korean ginseng, Insam)은 두릅나무과에 속하는 여러해살이풀로 학명은 Panax ginseng C. A. Meyer. 1909이다.

인삼은 높이가 60cm에 이르고 삼대(줄기)는 해마다 1개가 곧게 자라며 그 끝에 1개의 꽃대(화경)가 이어지고, 3~6개의 잎자루가 돌려난다. 잎은 잎자루가 길고 잎몸은 3~5개로 갈라져서 장상복엽을 이룬다. 잎 앞면의 맥 위에는 털이 있다. 여름에 1개의 가는 꽃줄기가 나와서 그 끝에 4~40개의 담황록색의 작은 꽃이 산형꽃차례에 달린다. 꽃잎과 수술은 5개이며 암술은 1개로 씨방은 하위이다. 열매는 핵과로 편구형이고 성숙하면 선홍색으로 된다. 뿌리는 약용하며 그 형태가 사람 형상이므로 인삼이라 한다. 한국에서 재배되는 인삼의 뿌리는 비대근으로 원뿌리와 2~5개의 지근(支根)으로 되어 있고 미황백색이다. 분지성이 강한 식물이며 그 뿌리의 형태는 나이에 따라 차이가 있고 수확은 4~6년 근 때에 한다.

고유 한국어로는 '심'이라고 하는데, '심'이 가장 먼저 등장하는 문헌은 성종 20년(1489년)에 편찬된 구급간이방언해(救急簡易方諺解), 노걸대언해(老乞大諺解), 허준의 동의보감(東醫寶鑑) '인삼조', 유희가 지은 물명고(物名攷) 등에서도 '人蔘'이라고 쓰고, 언해할 때는 '심'으로 번역해 기록되어있다.

인삼의 영어 표기인 '진생(영어: ginseng)'의 어원은 1843년 러시아의 식물학자 카를 안토노비치 본 메이어(러시아 : 1795~1855년)가 세계식물학회에 학명으로 등록한 Panax Ginseng C.A.Meyer에서 유래했다는 것이 정설로 되어 있으며, '진생'이라는 발음은 오늘날 흔히 알려진 '인삼'의 표준 중국어 발음이 아닌, 고대 중국어에서 인삼을 일컫는 말인 '상삼(중국어 : Xiangshen)'의 발음이 점차 변하여 형성된 것으로 추정되고 있다.

고려인삼은 유구한 역사를 지니고 있지만, 문헌상으로는 1,500여 년 전 중국 양나라 때 도홍경이 저술한 의학서적인 〈신농본초경집주(神農本草經集注)〉 및 〈명의별록(名醫別錄)〉에 백제·고려·상당(上

黨)의 인삼에 관한 기록이 처음 보인다. ≪양서(梁書)≫ 본기(本紀)에도 무제시대(武帝時代)에 고구려 및 백제가 자주 인삼을 조공하였다는 기록이 있고, 수(隋)의 ≪한원(翰苑)≫ 중의 〈고려기(高麗記)〉에 마다산(馬多山)에 인삼이 많이 산출된다는 기록이 있다.

한국 문헌으로는 ≪삼국사기≫ 신라 성덕왕·소성왕·경문왕 조에 보면 당나라에 사신을 파견할 때 공헌(貢獻)한 기록이 나오며, 신라에서 당나라에 조공한 인삼에 관해서는 당 숙종 때에 이순(李珣)이 저술한 ≪해약본초(海藥本草)≫ 가운데 인삼을 붉은 실로 묶어 포장하였다는 대목이 있어, 인삼의 상품 가치를 높이기 위한 가공 기술이 있었음을 엿볼 수 있다.

유럽에서는 17~18세기에 걸쳐서 인삼에 대한 관심이 높아져 1686년 루이 14세가 태국 프라 나라이(Phra Narai) 왕이 보낸 외교사절이 인삼을 전달받았고, 1665년 영국 왕립학회의 창간호를 인삼에 대한 연구로 채울 정도로 관심이 높았었다.

조선 당대 최고의 서예가이자 사상가인 추사 김정희가 중국의 스승 옹방강(翁方綱)에게 인삼을 선물로 보내자 옹방강이 보내온 감사의 서신이 유홍준교수의 〈김정희〉전에 전해 온다. 교황요한 바오로 2세는 배양일 주바티칸한국대사가 선물한 고려인삼차가 계기가 되어 고려인삼을 무척 사랑하여 즐겨 들었고 그 소문을 들은 바티칸의 주교들, 외교사절들은 물론 교황청 근위대원들조차 고려인삼 열풍이 불었었다고 한다.

현재까지 밝혀진 고려인삼의 생리학적, 생화학적, 약리학적 연구 결과로는 강장제 역할에 의한 신체의 항상성 유지, 학습기능 증진과 기억력감퇴 개선 및 지적작업 수행효율 향상, 통증완화작용, 암 예방 효능(암세포의 증식 및 전이 억제, 항암제의 항암활성 증강), 항당뇨 효능, 간기능 항진, 혈압 조절 외에 항피로 및 항스트레스, AIDS바이러스(HIV) 증식억제, 여성갱년기 장애 및 남성 성기능 장애 개선, 항산화 활성 및 노화억제 효능 등에 대한 다양한 임상실험 결과가 알려져 있다. 인삼에는 사포닌(saponin) 또는 진세노사이드(ginsenosides)라는 복합 탄수화물(알코올 또는 페놀과 당의 복합체)이 있어 중추신경계 흥분작용과 진정작용을 하며 신진대사조절, 혈당 감소, 근육활동 향상, 내분비계 흥분작용, 호르몬 농도를 적당하게 유지시켜 준다.

지구상에서 Panax속이 자생하는 지역은 동아시아와 미주 북동 지역 두 곳으로, 아시아에서는 동경 85도에서 140도, 북위22도에서 48도로 한반도와 만주 지방, 연해주, 일본, 네팔이다. 북미에서는 서경 70~97도, 북위 34~47도에서 자생한다. 인삼이 자생하는 지역은 북반구지만 재배는 남반구인 호주와 뉴질랜드에서도 가능한 것으로 밝혀졌다.

미국에서 야생 산삼(山蔘)이 가장 많이 생산되고 있는 곳은 Kentucky 주이고 인삼(人蔘)을 가장 많이 재배하고 있는 곳은 Wisconsin 주이다. 주에 따라 야생산삼을 채취할 수 있는 면허(Wild Ginseng Harvester License)가 있어 월마트 같은 곳에서 일 년 기한 $10 정도로 구입하면 되는데, 면허에는 산삼의 채취구

역, 채취 방법, 채취 기간 등의 내용이 있다. 지금도 미국 전역에서 약 3000여명에 달하는 '심마니'들이 자동소총으로 중무장하고 야생 산삼을 채취하고 있다고 한다.

필자가 2006년 미국 Maryland 대학교 치과대학에 방문교수로 머무른 일이 있었는데 이때 Baltimore, Ellicott city의 Lotte Plaza에서 재배인삼을 발견하고 어른 새끼손가락 굵기의 인삼을 1$에 구입하여 삼계탕을 만들었었는데, 맛은 한국 인삼과는 비교할 수 없을 정도로 밋밋하고 겨우 인삼 비슷한(?) saponin 맛을 느낄 수 있었다. 그들이 주장하는 우수한(?) 성분이 있는 줄은 모르겠으나, 맛에 있어서는 한국산 인삼과는 비교가 되지 않았다.

인삼은 약용으로 한방에서 오랜 기간 쓰여 지고 있으나 최근에는 차와 분말, 백삼, 홍삼, 편삼 등은 물론 다양한 요리재료로서 수백가지 요리가 개발되어 한국요리의 국제화에 기여하고 있는, 우리 민족과 뿌리를 같이한 귀중한 유산이다.

26

자장면 : 춘장에 야채 고기 국수 비벼

우리나라 어느 지역, 어느 동네를 가더라도 쉽게 찾아볼 수 있는 음식점 가운데 하나가 바로 '중국집'이다. 요즈음은 어린이들의 입맛이 피자나 햄버거에 길들여져 있지만 필자가 어린 시절만 해도 자장면 한 그릇이면 생일 턱으로도 분에 넘치는 호사였고 여기에 탕수육 한 접시를 더하면 그야 말로 날아갈 것 같았었다. 자장면은 비록 원류는 중국이라고는 하지만, 중국 본토에는 '자장면'이 있고 한국에는 '짜장면'이 있다는 우스갯소리가 있을 정도로 한국의 보통 중국음식점에서는 한국인의 입맛에 맞게 변형된 '한국식 중국음식'을 제공하고 있다.

자장면(炸醬麵)의 자장(炸醬)은 '장을 볶는다'는 뜻이다. 이때의 장은 밀가루로 만든 까만색의 춘장을 말하며 따라서 자장면은 (춘)장을 볶아서 만든 국수란 뜻이다. 면장에 간을 하여 볶은 뒤 면 위에 얹어먹는 작장면(炸醬麵, 炸酱面)이 기원으로 알려져 있다. 작장면의 중국어 발음(한어병음)은 자지앙미엔(zhájiàngmiàn)이고, 이것이 된소리화하여 짜장면이라 불린다.

자장면은 중국 하류층들이 먹던 음식으로 1883년 인천항이 개항되면서 산둥 반도 지방의 노동자들이 우리나라로 흘러 들어와 고국에서처럼 볶은 춘장에 국수를 비벼 야식으로 즐겨먹었다고 한다. 그러던 중 인천에 차이나타운이 조성되면서 한국에 정착한 화교들은 이 음식에 야채와 고기를 넣어 한국인의 입맛에 맞는 자장면을 만들었다고 한다. 그리고 달콤한 캐러멜을 춘장에 섞었기에 달면서 고소하고 색깔도 까만 지금의 자장면이 완성되었다고 한다.

자장면은 한국 땅에서 태어나 100여 년 동안 한국인의 입맛으로 자리 잡은 대표적인 한국 음식이기도 하다. 전국에서 하루에 팔리는 자장면 양이 36만 그릇에 달한다는 최근 집계가 있으니 이만한 장수와 인기를 누리고 있는 외식 메뉴는 찾아보기 힘들지 않을까?

중국집에 들어가 자장면을 시킬라 치면 우선 양 팔뚝을 내놓은 근육질의 남자가 밀가루 반죽을 두 손으로 한 끝씩 잡고 길게 늘여서 재빨리 넓적한 목판에 내려친다. 반죽이 길게 늘어나게 되고 그것을 꼬아 반으로 접어서 반복적으로 두들기던 모습이 생각난다. 이렇게 만든 것이 수타면이고 맛 또한 찰지게 된다. 지금은 힘이 들어서 이 수타 기술을 배우려는 젊은이가 없고 대부분의 중국집에서는 편의성으로 기계로 누른다고 한다.

실력 좋은 주방장을 보유한 중국 음식점은 일부러 손님들 보는 앞에서 수타 기술을 선보이기도 하는데, 밀가루 반죽을 목판에 꽝꽝 내리치고 늘리면 면발이 길게 쭉쭉 늘어나는 게 꽤나 장관이다. 이는 밀가루에 있는 글루텐 성분이 탄성을 늘이기 때문인데, 이 과정에서 반죽의 공기가 빠져나가며 면이 더 쫄깃해지고 쉽게 끊어지지 않는다. 또한 면 굵기가 일정하지 않고 간혹 서로 붙어있기도 하다. 이 과정을 끝낸 반죽을 숙성하면 더 좋은 효과를 낸다고 한다.

이렇게 계속 치대고 때리다 보면 밀가루 반죽의 길이가 늘어나는데, 이때 밀가루 반죽을 접어 계속 쳐주며 반죽을 늘린다. 이렇게 두 가닥이 된 면을 또 반으로 접고, 늘이고 하는 작업을 반복하여 한 가닥이던 면발이 2n가닥으로 늘어나게 된다(약 248이면 0.1mm 두께 종이가 달까지 간다는 것을 생각하면 면발 가닥이 생각보다 빨리 늘어난다는 것을 알 수 있다).

글루텐의 장점이자 단점인 탄성이 강하다는 특성 때문에 반죽이 잘 늘어난 만큼 다시 되돌아가기도 쉽기 때문이다. 그러기 때문에 반죽을 늘이고 접고 늘이고 접으며 글루텐을 공기와 접촉시켜 탄성을 줄여준다. 이렇게 하면 면이 그 상태를 유지하기 쉬워지고, 점점 더 길고 얇은 면이 많이 생긴다.

한국인이 가장 좋아하는 중국음식을 알아본 갤럽의 조사 결과, 1위는 '짜장면'(43.3%)으로 2위인 '탕수육'(17.4%)에 크게 앞섰으며 '짬뽕'(11.1%)은 3위에 그쳐 '짜장면'과 '짬뽕' 인기 순위 결과는 비교가 되지 않았다. 그 뒤를 이어 '양장피'(4.3%)와 '팔보채'(3.6%)가 각각 4위와 5위를 차지했다.

법무부 출입국관리사무소에 따르면 현재 한국에 거주하는 화교 인구는 약 2만1천명이다. 6·25전쟁 이전에는 8만 명이 넘는 화교가 있었지만 이승만 정부 시절 차별적인 화교 압박정책으로 인해 많은 화교들이 다른 국가로 이주해 갔다고 한다. 남아 있는 화교들은 주로 중국음식점, 한약방, 약국, 여행업 등에 종사하며 생계를 유지하고 있다고 한다. 이들 화교들은 주민등록증 발급이 되지 않아 겪는 어려움, 화교학교 학력 불인정, 화교들을 차별하는 각종 정부 정책들로 지금까지도 어려운 시간을 보내고 있다.

필자가 91년 교환교수로 미국 Michigan 주의 Ann Arbor에 다녀온 일이 있었다. Ann Arbor는 Michigan 호 부근의 인구 15만 명 정도의 대학도시로서 미국에서 살기 좋은 도시로 손꼽히는 곳이었다. 당시 재미 교포이신 미시간의대 김선기 교수님과 점심을 먹으러 근처 자금성(紫禁城)이라는 중국음식점에 자주 갔었는데 마침 주인이 한국에 살았던 화교라서 한국인 손님이 오면 한글로 된 차림판을 보여주고 한국말로 대화가 가능하여 한국에서와 똑같은 자장면, 탕수육 같은 음식을 맛 볼 수 있고 가격 또한 착해서(?) 이민자들의 주머니 사정에 적당하고 영어에 자유롭지 못한 한국이민들의 향수를 달래기에 충분하였다. 거기에 머무르는 동한 쓸쓸한 주말에 여러 차례 그 집을 찾았었다.

잣 : 기억력 향상 변비 예방 효능

잣나무는 구과목 소나무과의 식물로 학명은 피누스 코라이엔시스(Pinus koraiensis Siebold & Zucc.(1842)이다. 종명 중 koraiensis는 한국을 뜻한다.

잣나무를 베면 심재가 붉은색이어서 홍송(紅松)이라 부르며, 한자명은 백자목(柏子木) 혹은 오엽송(五葉松)이라 부른다. 영어명은 잎이 희게 보이는 한국산 소나무란 의미에서 'Korean white pine'이다.

잣나무는 겨울에도 늘푸른 상록수이다. 높이가 30m가 넘게 자라며 나무 직경 역시 1m가 넘게 자란다. 수피는 흑갈색으로 벗겨지며, 높이 5~8m 정도에서 줄기가 Y자 형태로 갈라지는 경우가 흔하다. 잎은 침형으로 5개씩 총생하며 길이는 7~12cm다. 가장자리에는 잔 톱니가 있다. 또한 잎 뒷면에는 5~6줄의 백색 기공조선이 있어 하얗기 때문에 수관은 녹백색으로 보인다. 잣송이는 긴 난형 또는 원통상 난형이고 길이 12~15cm, 지름 6~8cm이며 실편 끝이 길게 자라 뒤로 젖혀지며 하나의 실편에 잣이 2개씩 들어있다.

잣나무는 고산지대에서 자라고 한랭한 기후를 좋아하는 수종으로 한반도와 중국 동북부, 극동러시아, 특히 동북 3성과 연해주, 하바롭스크 등지에 많은 원시림이 분포하고 있으나 과도한 벌채로 천연림이 급속도로 파괴되고 있다. 최근 중국에서는 잣나무림의 복원을 위해 노력을 기울이고 있으며, 러시아에서도 1980년 이후 잣나무의 벌채를 금지하고 있다. 일본 혼슈와 시코쿠에도 분포하고 있다.

소나무와 잣나무는 모양이 비슷하여 구분이 쉽지 않다. 소나무는 솔잎이 두세 잎 붙어 있는 반면 잣나무는 다섯 잎이 한 묶음으로 붙어 있다. 그래서 오엽송(五葉松)이라 부르기도 한다. 우리나라의 주요 잣 생산지는 경기도의 가평·양평·포천, 강원도의 홍천·횡성 그리고 압록강 유역이다.

잣나무가 원래 키가 큰데다 잣송이는 나무 꼭대기에만 달리기 때문에 발에 쇠꼬챙이를 달고 약 20m의 높은 나무 위로 직접 기어 올라가서, 긴 장대를 가지고 잣송이들을 쳐서 떨어뜨려 수확하는 일은 상당히 위험하다. 올라간 나무와 장대가 닿는 주위 나무 몇 그루를 털고, 내려와서 또 올라가는 일을 반복해야 하는데 비 오면 미끄러질 위험성 때문에 아예 작업을 쉴 수밖에 없다. 이런 작업을 하고 나면 온 몸에 송진이 묻어 잘 지워지지도 않고 냄새도 난다. 모은 잣송이를 자루에 담아 산 아래 임도까지 운반하는 일조차 일일이 인력으로 할 수밖에 없는 중노동으로 극한직업에도 소개된 바가 있다.

우리나라 명산품인 잣(송실松實)은 오래전부터 음식과 더불어 한방약으로 사용되어 왔다. 1433년 유효통(兪孝通) 등에 의해 편찬된 ≪향약집성방鄕藥集成方≫에 나무 중 상품으로 송실(松實)이 소개되어 있으며, 1459년 전순의가 지은 ≪산가요록山家要錄≫의 백자죽(柏子粥)과 백자병(柏子餠), 숙종 때 홍만선(洪萬選)이 지은 ≪증보산림경제增補山林經濟≫의 해송자죽, 1800년대 말의 ≪시의전서是議全書≫의 잣죽 등 여러 고문헌에 잣죽과 잣강정 등이 수록되어 있다.

껍질을 벗긴 잣은 식용하거나 약용한다. 맛이 고소하고 향이 좋으며, 기름기가 많아 기름을 짜기도 한다. 또 갖가지 음식 재료와 고명, 의례음식인 큰상의 고임음식 등에 사용되는 귀한 식품이다. 잣의 대표 음식은 잣죽이다. 불린 쌀과 손질한 잣을 각각 곱게 갈아 쑨 잣죽은 소화도 잘되는 보양식이다.

잣을 이용한 요리 방법으로는 통잣을 그대로 쓰는 방법, 잘 드는 칼을 사용해 잣을 길이로 반을 가른 비늘잣, 한지를 깐 도마 위에 잣을 놓은 다음 칼로 곱게 다져 잣기름이 종이에 밸 정도로 약간 보송보송하게 만든 잣가루(잣소금) 등이다. 이 잣의 형태는 음식, 음식의 고명, 고임음식 등으로 이용된다. 통잣은 잣죽, 약밥, 잣박산(잣엿강정), 잣엿(엿이 다 고아질 때쯤 잣을 넣어 굳힌 엿), 칠보편포(곱게 다진 고기를 양념하여 지름 3cm 정도로 둥글고 도톰하게 만든 후 그 위에 통잣을 7개 돌려 꽂은 다음 꾸덕꾸덕하게 말린 것), 쇠머리떡, 어만두, 규아상, 어선 등에 쓰인다. 음료인 화채·식혜·수정과 등과 열구자탕의 고명으로도 쓰인다. 특히 큰상에 빠지지 않고 오르는 통잣고임은 잣을 하나하나 실에 꿰어 굄새를 하는데 색을 들여 문양을 만들고 글자도 새겨 넣는 매우 화려한 고임 음식이다.

또한 비늘잣은 육포, 약포, 백편, 석이편, 꿀편, 매화산자, 매화강정, 약과 등에 모양과 장식을 위해 쓰인다. 잣가루는 은행단자·색단자·밥단자·대추단자의 고물로 사용하고, 육회 ·잡누르미·구절판·육포·전복초·홍합초·초간장 등에 뿌리거나 잣즙으로 이용되어 전통있는 종갓집에서의 품위있는 상차림에 지금도 한자리를 차지하고 있다.

잣에는 필수지방산이 풍부하다. 잣에 함유된 올레인산·리놀레산·리놀렌산 등 불포화지방산은 혈압 강하 및 나쁜 콜레스테롤 저하, 동맥 경화 예방, 피부 노화 예방, 심장 질환 예방 및 기억력 향상, 변비 예방 등 효능이 있다.

잣에 들어있는 아밀라아제는 내열성이 있어 잣죽을 끓일 때 쉽게 삭는 원인이 되며 불포화지방산이 많아 산패가 빠르고 냄새를 쉽게 흡수하기 때문에 저장할 때 각별한 관리가 필요하다. 또 열량이 높아 비만인 경우 주의해야 하며, 과다 섭취 시 설사를 일으킬 수 있다.

28

참외 : 새로운 품종 계속해서 개발하는 나라

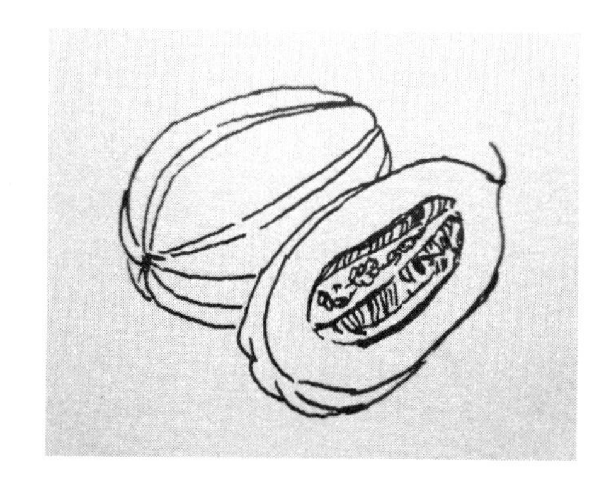

매미소리 우렁찬 한여름 원두막(園頭幕), 이층 누각에 올라앉아 시원한 바람을 맞으며 배꼽참외와 노란 김마까를 껍질을 벗겨서 한 입 베어 무는 상큼하고 시원한 단맛의 참외! 진도가 낳은 백포(白浦) 곽남배(郭楠培) 화백의 '원두막'의 실경(實景)을 보는 것 같은 풍경이 사실 그리 멀지 않은 과거에 쉽게 볼 수 있는 농촌 들녘의 풍경이었다.

우리나라의 소설에서는 한여름 밤에 참외를 깎아 먹는 모습을 흔하게 볼 수 있다. 실제로도 수박보다 가격이 싼 편이라 여름철 서민들이 가장 선호하는 과일 중에 하나이기도 하다. 조선 시대 참외 수확철에는 밥 대신 참외를 자주 먹어서 쌀값이 떨어질 정도였다고 한다. 한과나 떡은 아무 때나 맛볼 수 있는 음식은 아니었으니 참외는 서민들에게 흔히 먹을 수 있던 후식거리였던 셈이었다.

필자는 중학교 시절 한여름 방학 때 선친이 초등학교 교장 선생님으로 계시던 지금의 경기 성남시 낙생동에서 참외서리를 하다가 들켜서 곤욕을 치르던 부끄러운(?) 추억을 가지고 있다. 긴 가뭄 끝에 겨우 열리기 시작한 참외밭을 쑥대밭을 만들었으니 밭 주인의 노여움은 엄청났으리라! 그러나 그런 정도의 잘못을 꾸중 몇 마디로 용서해주었던 시절이었으니……. 그 시절에는 참외서리, 수박서리 등이 악동들의 한여름 밤의 애교(?) 정도로 용서되었었다.

참외(Cucumis melo ssp. agrestis var. makuwa)는 쌍떡잎식물 합판화군 박목 박과의 한해살이 덩굴식물로, 분류학적으로는 멜론(Cucumis melo, 머스크멜론)의 한 변종이다. 원산지는 아프리카 사하라 남부에서 유래되어 인도, 이란, 터키 등을 거쳐 오래전부터 중국, 한국에서 재배되어 왔다. 정식으로 국제 식품 분류에서 'Korean melon' 또는 Chamoe(참외)란 명칭으로 불리며 변종명의 makuwa는 일본명의 마쿠와우리(マクワウリ)에서 유래되었다. 참외는 땅에서 자라는 과일인지 채소인지 혼동되지만 한국에서는 채소로 분류한다.

참외는 멜론과 오이의 중간 정도의 맛을 내며 예전에는 참외는 단

맛을 바라기보다 소위 '시원한 맛'으로 먹었었다. 참외의 어원도 참+오이가 축약된 것으로 경기도 지방 노인들은 '채미'로 부르기도 한다.

우리나라에서 참외는 외(瓜), 첨과(甛瓜), 참외(眞瓜), 왕과(王瓜), 띠외(土瓜), 쥐참외(野甛瓜)의 기록이 있고, 중국에서는 향과(香瓜), 첨과(甛瓜)의 기록이 있으며, 해동역사(海東繹史), 고려사(高麗史) 등의 고문헌에 의하면, 통일신라시대에 황과(黃瓜)와 참외(甛瓜, 王瓜)에 대한 기록이 있어서 이때에는 이미 참외재배가 일반화된 것으로 추정된다.

또 오늘날 국보 94호로 지정된 고려 청자과형 화병은 참외를 형상화한 자기(磁器)로 그 시대의 문화의 한 단면을 볼 수 있으며, 조선시대의 심사인당, 김홍도, 신명연 등의 그림에 재래종 참외가 등장하여 이미 이 시기에 참외재배가 융성했고 여름철 과실로서 인기가 있었음을 보여준다.

세계적으로 참외를 먹는 나라는 한국과 중국·일본 등 극소수이다. 삼국시대부터 재배된 참외는 지역별로 특이한 형태와 맛을 지녔다. 토종참외는 감참외·홍참외·깐참외·열골참외 등 줄잡아 20여 가지가 있었으나 이중 개구리참외만이 유일하게 지금까지 명맥을 유지하고 있다. 개구리참외는 일제 강점기 때 품질을 인정받아 여름철만 되면 인천항을 통해 일왕에게까지 보내졌다고 한다. 배편이 마땅하지 않으면 이미 선적해 놓은 다른 물품을 내려놓고 이 참외를 실었을 정도였다고 한다.

현재 시장에 나오고 있는 노란 참외는 언제부터 우리나라에서 재배되었으며, 그 많던 재래종(토종) 참외는 지금 참외와 어떻게 다르고 또한 다 어디로 사라진 것일까?

1957년에 일본에서 도입된 고정종 참외 품종 "은천"이 나오면서 시장에서는 현재처럼 노란참외가 대세를 이루기 시작한 것으로 보인다. 그 후 1984년 흥농종묘가 개발한 "금싸라기은천" 참외가 공전의 히트를 치면서 일 것이다. "금싸라기" 품종은 당도가 재래종 참외의 거의 두 배(12brix)로 지금의 참외 맛을 거의 완성했다. 은천 참외가 1960년 이전 일본에서 온 것을 보면, 전후에는 우리나라나 일본이나 참외에 대한 기호성이 비슷했는지 모르지만, 일본은 점차 참외에서 멜론으로 기호성이 급격히 바뀐 것 같다. 그러나 국내 소비자들의 기호성도 바뀌어 중대과보다는 중소과가 선호되고 있으며, 거기에 부응하듯이 참외에 대한 새로운 품종이 계속하여 개발되고 있는 나라도 드물다.

참외는 그 자체로도 애용되지만 약간의 조리과정을 거쳐서 참외장아찌, 참외김치, 참외고추장장아찌, 참외된장장아찌, 참외피클, 참외절임 등의 요리로 서민들의 밥상 한 귀퉁이를 차지하는 정감어린 과일이다.

칼국수 : 보기보다 나트륨 함량 높아 조심해야

한국의 국수 중 하나로 농림수산식품부가 한식 메뉴 124개에 대한 외국어 표준 표기안을 마련하면서 칼국수의 외국어 표기 중 영어로는 Noodle Soup 또는 Kalguksu로 표시된다.

조선시대에 국수는 궁중이나 양반들이 먹을 수 있는 고급음식이었다. 일반 서민들은 평소에는 국수를 먹지 못했으며, 결혼식과 같은 특별한 날에야 잔치국수를 먹었으며 장수의 의미로 받아들여졌다. 그 이유는 고려 시대까지 밀은 생산량이 많지 않아 중국 화북지방에서 수입하였기 때문이며 조선 시대에 이르러서야 서민 음식으로 바뀌게 되었다고 한다. 1934년 발간된 '간편조선요리제법'에 칼로 썰어 만드는 국수의 조리법이 나와 있는데, 끓는 물에 삶아 내어 냉수에 헹구고 다시 맑은 장국을 붓고 고명을 얹어서 먹는 음식이 소개되고 있지만, 국수를 헹구지 않는 지금의 칼국수 조리법과는 다르다. 한국 전쟁 시에 미국에서 밀가루가 구호식량으로 한국에 대량 들어왔다. 이를 이용해 부엌에서 간단히 칼로 밀가루를 잘라서 국수를 해먹을 수 있는 칼국수가 전국적으로 널리 퍼지게 되었다.

칼국수는 반죽을 펼쳐내 부엌칼로 썰어 면을 뽑기 때문에 칼국수라는 이름을 얻었다. 그 이름 덕분에 한때는 외국인들이 한국에 와서 기겁하는 원인 중 하나(칼이 들어있는 국수)라는 우스갯소리도 돌기도 했다. 비슷한 예로 중국 요리 중에는 도삭면(칼로 썰어 만드는 국수)이 있다.

시중 대부분의 칼국수집은 반죽을 다소 두껍게 펼치고 칼로 썰기 때문에 단면이 네모 모양을 하는 경우가 많아서 그렇게 써는 것을 당연하게 여기는 경우도 많지만, 경우에 따라서는 반죽을 최대한 얇게 펼쳐서 반대편이 비쳐 보일 정도로 하늘하늘하게 써는 놀라운 기술을 보이기도 한다. 주로 해물을 넣은 남도식 칼국수는 면을 두껍게 썰고, 경기도식 사골 국물, 닭고기 국물인 경우는 면을 얇게 써는 편으로 구분하지만, 사실 그렇게까지 엄격하게 구분하지는 않는다. 일반적으로 안동시를 비롯한 경상북도 지방에서는 밀가루에 콩가루를 섞어서 반죽한다.

잔치국수나 일반적으로 생각하는 소바, 우동, 라멘처럼 면을 따로 데쳐내어 국물에 말아주는 것이 아니라, 국물에 면을 처음부터 넣고 삶기 때문에 면 속의 전분이 국물 속으로 풀어져 국물이 걸쭉하게 된다. 밖에서 파는 칼국수가 대부분 이런 형태고, 집에서 만들 때 걸쭉한 국물이 별로라면 면을 먼저 따로 삶고 국물과 합쳐도 무방하다. '안동건진국수'가 면을 따로 삶아 만드는 방식이다. 이런 점 때문에 칼국수의 정식 영문 명칭을 아예 Noodle Soup라고 정할 정도이며 면 자체의 식감은 좀 찰기가 없는 편이다. 또한 면을 건져서 국물에 말아주는 면 요리와 달리 국수 자체의 나트륨(소금) 성분이 면을 삶아내고 버리는 물이나 면을 헹궈내는 물에 녹아 빠져나가지 않고 그대로 남아있기 때문에 보기보다 나트륨 함량이 매우 높다. 그러므로 적당히 먹고 국물은 많이 마시지 않는 것이 좋다.

'칼국수'라는 이름에서는 면의 종류만 나타나서 그런지 몰라도 국물의 양상은 지역별로 꽤 다르다. 멸치 육수 칼국수(부산 경남 지역), 바지락과 해물을 사용하여 시원한 맛을 내는 칼국수(전라도), 멸치 육수에 고기(주로 닭고기)를 넣어 깊은 맛을 내는 칼국수(경기도) 등이 있다. 서울에서는 쇠고기 고명과 육수를 사용하며, 좀 더 고급스럽게는 사골 육수로 국물을 내기도 한다. 사골만으로 국물을 하면 밍밍하지만, 재료를 더 넣고 향을 강하게 내면 맛은 더 좋아진다.

칼국수의 종류로는 닭칼국수, 비빔칼국수. 안동국시, 장칼국수, 칼짜장, 매생이 칼국수, 육개장 칼국수, 칼제비(칼국수+수제비), 칼만둣국, 들깨 칼국수, 바지락 칼국수, 팥칼국수등 지방에 따라 칼국수의 국물을 만들거나 고명을 첨가하는 정도에 따라 다양한 요리가 이용되고 있다.

어느 일요일 저녁 지금은 작고하신 경희치대 이상철 교수님이 사모님하고 간단히 저녁 식사를 하시려고 교수님이 사시던 압구정 현대아파트 앞의 상가 2층에 자리한 어느 칼국수집에 가셨었다고 한다. 입구에 들어서시려니 평소와는 달리 주위 분위기가 약간 다르더란다. 별 생각 없이 자리를 잡으시려는데 잠시 후 마침 식사를 마치고 나오던 김영삼 대통령과 마주쳐서, 교수님은 얼김에(?) 김영삼 대통령과 악수를 하셨다고 한다. 필자가 영광스러운 그 손을 씻지마시라고 하며 웃던 기억이 있다.

김영삼 전 대통령이 칼국수를 좋아해서 즐겨먹는 것으로 유명했다. 그래서 한때 청와대의 주력 메뉴로 자리매김했던 바 있는데, 영양 균형상 좋은 음식은 아니기 때문에 당시 청와대 요리사는 부재료로 어떻게든 영양 균형을 맞추려고 고생을 했다고 한다. 덕분에 민주자유당 국회의원들은 물론 특별히 초대받은 유명 인사나 심지어 빌 클린턴 당시 미국 대통령을 비롯해 APEC 참석을 위해 온 해외의 귀빈들까지, 청와대를 방문한 사람이라면 누구나 '청와대표' 칼국수를 맛보아야 했다. 사실 김영삼 대통령이 칼국수를 정말로 좋아했다기 보다는 자신의 청렴하고 검소한 이미지를 홍보하기 위한 전략이 아니었냐는 견해도 있다.

필자는 가끔씩 집에서 온갖 재소를 넣어 '소고기 샤브샤브'를 먹고 배가 부를 때쯤이면 그 국물에 칼국수를 끓여 먹곤 하는데 푸짐하고 깔끔한 맛을 가족들이 즐기곤 한다. 내자가 칼국수를 뽑는 기계를 준비했을 정도이다.

30

콩나물 : 통통한 콩나물 8cm일 때 맛 최고

전 세계에서 한국 사람만 먹는 음식 및 식재료가 몇 가지 있다. 그 중 하나가 콩나물이다. 콩나물을 모르는 한국 사람(?), 상상이 안 된다. 우리는 어릴 적 대부분의 가정에서 시루에 콩을 두고 햇볕을 가리려고 검은 천으로 덮고 하루에도 몇 번씩 물을 주어 키우던 콩나물시루의 추억을 갖고 있다. 그리고 언제부터인가 그런 번거로운 일을 콩나물 공장에서 대신 하게 되었고 시장의 좌판에서 콩나물을 필요량만큼 언제나 살 수 있는 시장경제의 한 부분으로 전환되었다.

가난한 가정의 밥상 한 모퉁이를 차지하고 있는 콩나물국과 콩나물이 주된 서민의 밥상은 정겨운 우리 생활의 모습이었다. 콩나물국하면 깔끔하면서 개운한 맛이 떠오른다.

콩나물의 영양 함량은 수분 89.5%, 단백질 5.1%, 지질 1.2%, 당질 3.5%, 섬유 1.1%다. 콩의 단백질은 쇠고기의 두 배이고, 특히 콩을 발아시킨 콩나물은 단백질 함량이 30% 정도 더 많아진다고 한다. 콩나물의 중요한 영양소 중 콩나물에는 아미노산인 아스파라긴(asparagine), 아르기닌(arginine), 메티오닌(methionine) 등이 풍부하며 이들 성분은 ADH와 ALDH의 활성을 촉진시켜 알코올을 분해할 뿐 아니라 아세트알데히드의 분해도 촉진시켜 숙취해소와 간 보호에 효과가 있는 것으로 밝혀졌다. 콩나물 머리에는 단백질, 지방, 탄수화물, 당분 등, 몸통에는 비타민C를 비롯한 여러 가지 비타민, 뿌리에는 숙취해소와 해독작용을 하는 아스파라긴산이 많이 들어있다.

우리나라에서 콩나물의 최초 재배는 삼국시대 말이나 고려 시대 초기로 추정되며 이는 기록상 세계 최초이다. 935년 고려 태조가 나라를 세울 때 대광태사(大匡太師) 배현경(裵玄慶)이 식량 부족으로 인하여 굶주림에 허덕이던 군사들에게 콩을 냇물에 담가 콩나물을 길러 불려 먹게 하였다고 하는데, 당시 콩나물은 그야말로 물만 주면 양이 늘어나는 기적의 식품이었을 것으로 생각된다.

또한 고려 고종 때에 저술된 향약구급방(鄕藥救急方)에서는 콩나물이 대두황(大豆黃)으로서 등장하는데, 여기서 콩나물은 보전성을 높이기 위하여 콩을 싹트게 한 뒤 햇볕에 말린 것으로, 구체적인 조리법은 알 수 없다. 조선시대의 조리서인 시의방(是議方)에는 콩나물을 볶는 요리법이 기록되어 있고, 임원경제지(林園經濟志)에는 콩나물을 황두아(黃豆芽)라고 일컫고 있다.

1966년 6월 미국 오하이오 톨레도에서 열린 세계 레슬링 선수권대회에서 장창선 선수가 한국인 최초로 금메달을 획득하고 개선하였다. 그가 획득한 금메달은 한국 스포츠 사상 최초의 세계대회 금메달로 기록된다. 국민의 관심도 없고 살기 어렵던 시기에 더구나 홀어머니가 인천의 시장에서 콩나물 좌판을 하면서 뒷바라지하였고, 대회참석 여비가 없어서 인천의 여러 독지가들의 성금으로 마련된 여비로 참석한 대회에서 피눈물 후에 획득한 메달이니 더더욱 값 진 것이었다.

더구나 잘 먹고 몸을 가꾸어야 할 격투기에서 정작 본인은 "레슬링이요? 그거 '빤스' 한 장만 있으면 할 수 있는 것 아닙니까?"라는 말이 모든 국민들의 심금을 울리기에 충분하였다. 각계각층의 성금이 줄을 이었고 박정희 대통령은 장 선수에게 살 집을 마련해 주어 셋방살이를 면하게 해 주었다는 당시의 신문 보도가 있었다. 그 후 장선수 자신은 체육 지도자로서 태능선수촌장으로 한국 체육계에 보답하였다.

한국전쟁 당시 북한군이 땅굴에 잠복하면서 콩나물을 길러 먹었다는 이야기가 있다. 한국군에게도 콩나물은 군대의 급양이 형편없던 1960~70년대에 두부와 함께 식판에 자주 올라오던 부식이었다.

가격 대비 영양 효율이 이만한 게 또 없기 때문이다. 필자가 군생활할 당시에도 부식으로 콩나물이 빠지지 않았던 기억이 있다. 잔뿌리가 없이 통통하게 살 오른 콩나물은 길이가 8cm 정도일 때 그 맛이 가장 좋다는 것도 군대시절 식검반에 있던 수의 장교에게 배운 지식이다.

대항해시대 무렵 유럽 사람들이 콩나물을 기르는 방법을 알았으면 역사가 바뀌었을지도 모른다는 말이 있다. 당시 선원들의 으뜸가는 사망 원인은 비타민C 부족으로 인하여 생기는 괴혈병이었고, 그 해결책으로 비타민C가 풍부한 콩나물이 될 수 있지 않겠냐는 가정이다. 실제로 정화(鄭和)의 함대의 함선 중, 배 안에서 농사를 할 수 있게끔 큰 온실을 탑재하였던 선박이 있었는데, 거기서 콩으로 콩나물을 길러 먹고 더불어 여러 가지 나물을 길러먹었다고 한다.

그러나 콩나물 재배는 장거리 항해에서 감당하기엔 벅차다. 콩나물을 기르려면 물을 갈아줘야 하는데 콩나물 부피의 4~5배나 되는 물이, 그것도 수상식물이 아니면서 물을 직접적으로 흡수하는 재배방법 특성상 깨끗한 물이 필요한데, 문제는 괴혈병으로 고생할 정도로 장거리 항해를 하면서 콩나물이 자랄 정도로 오염이 되지 않은 깨끗한 물을 구할 방법이 그리 만만치 않기 때문이다.

콩나물을 이용한 요리로는 콩나물 국, 콩나물 무침, 콩나물 밥, 콩나물 국밥, 콩나물 잡채, 콩나물 김치국수 등으로 다양하게 이용된다. 필자의 학부 시절 고려대학 앞에는 모든 음식재료가 콩나물로 이루어진 일명 콩나물 전문(?)의 밥집이 있었다. 식당의 가격조차 착하기 그지없고 맛 또한 좋아서 주머니 사정이 빈약한 학생들의 안식처(?) 구실을 톡톡히 한 집이 있었는데…. 이제는 그 흔적조차 찾을 수 없어 아쉽기 짝이 없다.

흑염소 : 철분 많고 노화방지 탁월한 토코페롤 함유

흑염소는 소목(Artiodactyla), 소과(Bovidae), 염소속(Capra)의 재래종 염소로 학명은 Capra hircus Linnaeus 이며 전 세계적으로 광범위하게 분포되어 있다. 염소는 600여 종이 있는데, 흑염소는 뿔을 가진 염소속의 작은 반추동물이다. 체격이 작고 성장이 더디지만 고기 맛이 좋고 영양이 풍부해 식용 및 약용으로 이용되는 우리나라 고유의 유전자원이다.

흑염소는 건조한 상태, 거친 지형 등 다양한 지역에서 빠르게 적응하며, 번식률도 높은 편이다. 일반적으로 400일 이상 자란 성체의 몸길이는 60~80㎝, 체고는 45~55㎝이다. 수명은 10~16년 정도이고 생후 5~6개월이면 성숙한다. 임신 기간은 145~160일 정도이고 이듬해 봄에 1~2마리의 새끼를 출산한다.

흑염소에 관한 기록 중 가장 오래된 것은 6세기 초 중국의 ≪제민요술(齊民要術)≫이며, 우리나라에서는 고려 충선왕때 안우(安祐)가 중국에서 염소를 가져와 경상도에서 최초로 사육하기 시작하였다. ≪세종실록(世宗實錄)≫에는 염소와 흑염소를 구별하여 기록하고 있으며 보양식으로 가장 애용된 동물이기도 하다. ≪증보산림경제(增補山林經濟)≫와 ≪본초강목(本草綱目)≫에는 흑염소가 허약을 낫게 하고 보양 강장, 회춘하는 약이며 마음을 편하게 한다고 소개되어 있다.

흑염소는 털, 고기 등의 이용목적으로 마을 단위에서 소규모로 사육되었다. 최근에 흑염소 고기를 찾는 소비자가 늘면서 고기 생산량이 많은 육용 염소(대형 외래종)와의 교잡종 생산에 주력해 재래종의 개체수가 줄어들고 있는 상황이다.

염소고기의 영양가는 양고기보다는 단백질이 많고 지방이 적어 탕, 수육, 육회, 구이, 불고기 같은 다양한 요리로 보신탕의 혐오식품이란 오명을 대신하고 있다. 염소고기의 색은 담적색이고 특유의 냄새가 있어, 향신료를 사용하여 꼬치구이, 스튜, 로스트, 볶음 등으로 조리해서 먹는다. 쇠고기나 돼지고기에 비해 철분을 8배 함유하고 있고, 단백질이 많고 쇠고기와 비슷하게 지방분을 갖고 있으며, 노화방지에 탁월한 비타민 E(토코페롤)도 45mg을 함유하고 있다.

흑염소는 초식동물 중에서 거친 먹이의 이용성이 가장 우수하고 산악지역을 좋아하는 특성이 있기 때문에 산지 인근을 중심으로 사육이 성행하고 있다. 산촌이나 섬 지역에서는 방목해 키우기도 하지만 방목된 흑염소가 나무나 식물을 훼손해 생태계 파괴가 문제가 되고 있다.

제주시 한림읍 서북 쪽에 위치한 인구 100여명의 비양도는 면적이 0.5㎢로 해발 114m의 비양봉과 2개의 분화구가 있으며 비양도 분화구에는 국내에선 유일하게 비양나무 군락이 형성되었다. 이 비양도에 1975년 한림수협이 도서지역 소득사업 일환으로 가구당 1~2마리씩 염소가 보급되어 염소사육이 시작되었다. 그러나 대부분의 주민들은 오랜 시간이 지나지 않아 품이 많이 드는 염소 사육을 포기하여 최근 비양도에 방목 상태인 염소는 최대 150여 마리로 추정되나 당국도 정확한 숫자를 파악하지 못하고 있다.

수년전 제주시는 비양도 환경훼손의 주범으로 지목된 반야생화된 흑염소 무리 포획에 나섰었다. 제주시 농수축산경제국, 한림읍 공무원 50여명에 귀신 잡는 해병대원 98명까지 투입하여 염소 포획에 나섰지만 정작 포획한 염소는 50여 마리에 그쳤다고 하니 흑염소 포획이 그리 만만한 일이 아님을 직감하게 한다.

도서 지역의 염소는 풀과 나무는 물론이고 멸종위기 야생식물 2급인 대홍란 등을 즐겨 먹는다. 더구나 이들의 배설물은 냄새가 심해 다른 동물들의 접근을 기피하게 하여 야생동물 서식지로서의 기능을 잃게 만든다. 이들 염소들은 풀과 나무의 뿌리까지 먹어 치워 집중호우라도 내리면 토양이 유실되는 등 생태계에 심각한 피해를 입히는 것으로 조사됐다. 이에 국립공원공단에서는 2008년부터 염소 퇴치 작업을 벌여 왔으나 험난한 도서지역의 지형적 특성으로 어려움이 적지 않다.

오래전 필자가 내자와 정식으로 사귀기전에 어느 해 겨울 예산의 본가에 가서 며칠을 지낸 일이 있었다. 장래에 장인이 되신 어른과 한방에서 자며 이런 저런 세상 이야기도 하며 지냈는데 어느날 밤 어른께서 '약'이라고 대접에 담긴, 한약 냄새를 풍기는 정체불명의 음식을 필자에게는 권하시지도 않고, 땀을 흘리시면서 열심히(?) 드시는 것을 보았었다.

당시 필자는 '약이라고 하시니 약인가 보다'하며 '무슨 약인지' 묻지도 않고 별 관심을 갖지 않고 지나쳤다. 세월이 흘러 그 여인은 필자의 내자가 되었고 무슨 이야기 중에 그 날 밤에 땀을 흘리시면서 잡수시던 '문제의 약'이 흑염소의 각종 부위(?)에 다양한 한약재를 넣고 고은 '보양제'였다는 것이다. 매년 가을이면 특별히 흑염소 농가에 부탁하여 흑염소 한 마리를 손질하여 가지고 오면 온 가족이 다양하게 요리하여 즐겨 먹고 특별한 부위(?)는 장인어른에게만 장모님이 별난 한약재를 넣어 조리하여 강장제(?)로 드렸다는 것이다.

여하튼 장인어른께서는 구제 배구 한 팀을 꾸릴 정도로 자손을 다복(?)하게 두셨으니 땀 흘리시면서 잡수시던 그 저녁의 '문제의 보양제(?)' 덕이 아니었을까? 흑염소는 탕, 수육, 전골, 불고기, 무침, 육골즙 등으로 서민들에게 다양하게 애용되며, 혐오식품으로 몰린 보신탕을 대신(?)하여 더욱 더 각광을 받고 있다.

해(海)권에 나오는 음식탐구

1. 다슬기 : 아미노산 풍부 숙취 해소에 효과
2. 대게 : 대나무 비유 황장이 가장 고소한 맛
3. 병어 : 칼슘 필수아미노산 성장기에 도움
4. 붕어 : 열량 낮고 고단백 저지방 생선
5. 빙어 : 칼슘 비타민 풍부 육질 연하고 담백
6. 새우 : 비타민 B복합체 풍부한 스태미나 식품
7. 새조개 : 초고추장 찍어 먹으면 달짝지근한 맛 일품
8. 성게알 : 가슴 답답하고 부종 있는 사람에 좋아
9. 연어 : 고향으로 건너가 후손 남긴 후 죽는 드라마틱
10. 오징어: 소화흡수 좋고 비타민E 타우린 아연 풍부
11. 옥돔 : 칼로리 낮고 단백질 미네랄 성분 풍부
12. 웅어 : 익이마에 임금 王 표시 있어 忠漁로 불러
13. 은어 : 향긋한 수박향 디스토마 기생충 오염 조심
14. 잉어 : 높은 단백질 함유량과 오메가3 칼슘도 많아
15. 전갱이 : 특유의 감칠맛과 단맛으로 비린내 안나
16. 전복 : 씹을수록 달착지근하고 다시마 향기나
17. 주꾸미 : 초봄에 잡아 삶으면 머리에 흰 살 가득
18. 짱뚱이 : 쇠고기보다 높은 단백질 담백한 보양식
19. 참치 : 기름지고 고소하며 부드러운 맛 가득
20. 키조개 : 필수 아미노산 철분 많아 빈혈 예방
21. 학공치 : 고소하고 미세한 단맛 초밥 재료 인기
22. 한치꼴뚜기 : 비타민E 타우린 많아 피로회복에 좋아
23. 해삼 : 내장에 강한 독 인삼 사포닌 계통 물질 함유

다슬기 : 아미노산 풍부 숙취 해소에 효과

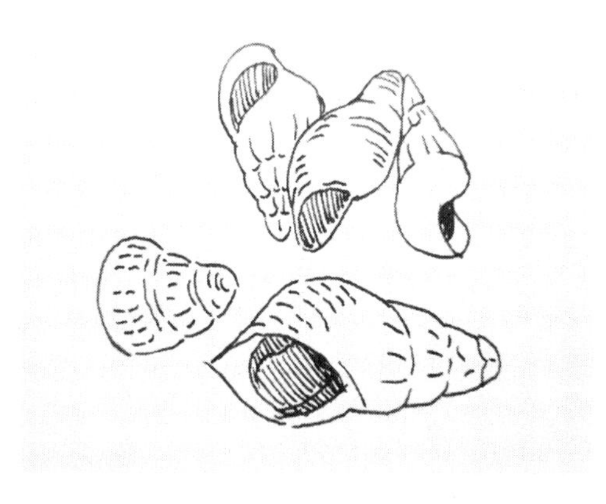

다슬기는 중복족목 다슬기과에 속하는 연체동물로 학명은 Semisulcospira libertina Gould, 1859 이다. 다슬기는 야행성으로 낮에는 수중 돌 밑이나 틈새에 숨어 있다가, 어두워지면 슬슬 밖으로 나온다. 일반인이 보기에 닮아 보이는 달팽이와는 아강 수준에서 달라 친척이라고 생각되지 않으며, 당장 눈에 띄는 차이점으로 달팽이와는 달리 암수 구분이 있다는 점이다. 바위가 많은 강의 돌 틈 같은 데를 뒤지면 찾아볼 수 있으나, 현재는 과도한 농약의 사용과 수질오염 등으로 개체 수가 꽤 줄었다고 한다.

물환경 정보시스템에서 볼 수 있는 하천 생활환경기준에 따르면 다슬기는 좋음~보통수준의 수질에서 생활하는데, 이는 수질의 정소가 1b, 2, 3급 수준이다.

보통 유리판이 달린 플라스틱 수경을 이용해 강바닥에서 돌 틈을 뒤져 가며 잡지만, 전문적으로 어업을 하는 경우에는 한밤중에 배에 달린 그물로 강바닥을 훑어 돌 위로 올라오는 다슬기를 낚아채는 경우도 있다. 물론 이런 방법을 쓸 경우 강바닥의 다슬기 씨를 말려버릴 수 있으므로 국가의 허가를 받아야 한다. 실제로 다슬기가 건강식으로 알려진 이후 해마다 전문 장비들을 동원해서 다슬기를 마구잡이로 쓸어가는 불법 채취꾼들이 기승을 부리고 있고 그 숫자도 늘어나면서 당국과 지역 주민들이 골머리를 앓고 있다.

다슬기는 아미노산이 풍부해서 떨어진 간 기능을 회복 및 숙취 해소에 효과적이다. 아울러 저지방 고단백질 식품이어서 다이어트에도 도움을 준다. 또 대소변 배출을 돕고 통증을 개선하는 것으로도 알려져 있으며, 충혈 등 눈의 피로회복에 좋다. 한방에서 다슬기는 찬 성질의 식품이어서 몸에 열이 많은 사람의 열기를 낮추고, 갈증을 해소한다고 알려져 있다.

다슬기는 흔히 식용으로 이용되지만 기생충의 일종인 폐디스토마의 중간숙주이므로 날것으로 먹는 것은 대단히 위험하다. 식감은 조그만 고무조각처럼 말랑 쫄깃하고, 맛은 고소하며 끝 맛이 약간

쓰며, 의외로 씁쌀한 편이다. 다슬기는 익혔을 때 비취 같은 녹색이기 때문에 예민한 사람은 비위가 상할 수 있다.

아무리 해감을 잘 해도 모래 같은 게 씹히는 느낌이 있는 경우가 있는데, 다슬기의 대부분이 난태생이라 그렇다. 즉 모래처럼 씹히는 것은 모래가 아니라 껍데기가 갓 생성된 새끼 다슬기인 것이다. 대략 6~7월쯤에 잡은 다슬기는 이런 식감이 없다고 한다.

다슬기는 경남에서는 고둥, 경북에서는 고디, 골뱅이, 골부리, 전라도에서는 대사리, 대수리, 강원도에서는 꼴팽이 등으로 불리는데 중부 지방, 그 중에서도 해산물을 접할 기회가 낮은 내륙(≒충청북도, 영서)에서는 '올뱅이(충주 등 동쪽지방)', 혹은 '올갱이(청주 등 서쪽지방)'라고 부르며 된장을 풀어 향토 음식인 올갱이국을 끓여먹는다.

충북 괴산군은 올갱이국 거리가 있을 만큼 유명하며, 영동군, 보은군, 영월군 등 산 많고 계곡이 많은 지역에서 많이 먹는다. 경상도 쪽에서도 비교적 즐기는 음식 중 하나로 다슬기를 '고디', '고동'으로 부르며, 따라서 '다슬깃국'도 '고디국', '고동국'으로 통하고 있다. 다만 다른 지역에서는 다슬기 해장국이라고 부르는 경우가 많다. 다슬기의 생명력이 강하여 주변 하천에서도 쉽게 볼 수 있으며, 일반인도 계곡에서 별 장비 없이 맨손으로 잡을 수 있을 정도로 채취가 쉽다. 그러나 손톱만한 다슬기를 삶아서 다슬기 하나하나마다 일일이 수작업으로 알맹이를 껍질에서 꺼내야 하니 그 정성이 보통을 넘는다.

다슬기를 된장 푼 물에 삶아서 길거리에서 팔기도 한다. 다슬기는 필자가 어릴 적에는 심심치 않게 서울 시내 재래시장이나 뒷골목에서 자그마한 손수레에 번데기와 더불어 항상 보이는 길거리 음식이었었다. 이쑤시개로 하나씩 빼먹는 재미가 쏠쏠했기 때문에 어린이들에게 인기가 있었다.

다슬기의 수명은 3~5년으로 다른 종류에 비해 긴 편이다. 친척뻘인 우렁이는 1년인 반면, 다슬기는 수명이 길어 어항에서 완상용으로 키우기에 적절하다.

다슬기는 강에서 죽은 물고기 시체를 뜯어먹는다고도 알려져 있는데 심지어 익사체까지 먹는다는 이야기도 있다. 강바닥에 빠져 죽은 익사체를 끌어올렸는데 시신의 눈, 코, 귀 등 얼굴의 구멍에 다슬기가 빼곡하게 들어 차 있었다고 한다. 실제로 물속에서 동물이 죽으면 가장 먼저 뜯어먹으러 오는 게 게와 가재, 고둥류라고 하니 시신에 고둥류에 속하는 다슬기가 빼곡하게 붙는 게 크게 이상한 일은 아니다.

1979년 광주 조선치대에 부임했을 때만해도 광주 시내를 흐르는 광주천에서 아낙들이 유리를 댄 수경으로 개천 바닥에서 다슬기를 잡는 모습을 심심치 않게 볼 수 있었다. 그만큼 물이 맑았었는데 수년 후에는 그조차 오염되어 자취를 감추고 말았다.

경희치대로 직장을 옮긴 이후 회기동 뒷골목 식당에서 다슬기 국을 파는 집을 보고는 쾌재를 부르며 점심시간에 자주 찾곤 하였었다.

일일이 손으로 그 작은 다슬기 알맹이를 바늘로 파내어 된장을 풀고 끓인 아욱국의 아련한 맛이 일품이었고, 거기에 주인아주머니가 직접 만든 토종 순대 한 접시까지 추가하면 더 이상 바랄 것이 없었다. 다슬기를 구하기가 어려워서 인지. 찾는 사람이 적어서 장사가 안 되어서인지 어느 날 그 집이 없어져서 아쉽기 그지 없었다. 요즈음 같이 다양한 먹거리가 넘쳐날 때에 다슬기 국에 대한 향수는 어머니의 손맛 같은 아련한 추억으로 남아 있다.

대게 : 대나무 비유 황장이 가장 고소한 맛

대게는 긴집게발게과 대게종에 속하는 게의 일종으로 학명은 Chionoecetes opilio O. Fabricius, 1788이다. 영어로는 Snow crab, Opilio crab라고 하는데 미국 사람들의 기준으로 눈이 내릴 만한 북부의 찬 바다에서 잡힌다고 해서 이런 이름이 붙여졌다고 한다.

대게는 다리마디의 모양이 대나무처럼 생겼다고 해서 대(竹)게다. 대게가 큰(大)게를 의미하는 것이라고 흔히 인식하게 된 이유로는 우리나라에서는 '게'라고 하면 보통 '꽃'게를 떠올리는 경우가 대부분인데, '꽃게'와 비교하면 "대게의 크기가 월등히 커서 '대게'라고 하나보다"라고 하는 오해에서 비롯된 것이다.

울진대게로 불리는 '자해(紫蟹)'에 관한 기록으로는 성종(1486) 때 간행된 신증동국여지승람(新增東國輿地勝覽), 토산조(土産條) 중 당시 울진군 일원인 '평해군지'와 '울진현지'에서 자해(紫蟹)가 토산물임이 기록되어 있어, 대게(자해)는 울진, 평해 지방을 중심으로 한 동해안 일원의 토산물임을 확인할 수 있다.

그 외에 1799년(정조3년)에 서유구(徐有榘)의 임원경제지(林園經濟志), 김정호가 1861(철종12)년 집필한 대동지지(大東地志)의 토산조 '울진조'와 '평해조', 1609(광해군1)년 이산해가 남긴 아계유고(鵝溪遺稿) 등에서 대게(紫蟹)는 현 울진군 평해읍 거일리(당시 강원도 평해군 해포(진)리)가 주생산지임을 밝히는 기록을 찾을 수 있다.

대게의 배갑 너비는 일반적으로 수컷은 7cm, 암컷은 5cm이며, 전체적으로 둥근 삼각형을 이룬다. 배갑 위에는 작은 결절들이 흩어져 나있고 배갑의 가장자리에는 삼각형의 가시가 일렬로 늘어서 있다. 이마뿔은 배갑에서 평평하게 진출하며 가운데가 갈라져 둘로 나뉜다. 눈 주변은 넓게 파여 있다. 집게다리는 대칭이며 걷는 다리에 비해 짧은데, 끝마디가 앞으로 휘어져서 접었을 때 입을 향한다. 걷는 다리는 길고 납작한데 가장 긴 것은 배갑 너비의 2.5배 가까이 길다. 마지막 걷는 다리는 비교적 작다. 걷는 다리는 평소에 눕혀두

다가 사용할 때 세운다.

대게는 영하에 가까운 낮은 수온을 선호하며 수심이 다양한 대륙붕과 대륙사면의 모래 혹은 진흙 바닥에 산다. 서식 지역은 한국의 동해안과 일본, 베링 해협, 알류샨 열도, 알래스카, 그린란드, 메인 만, 뉴펀들랜드 섬 등지에 분포한다. 대게는 기본적으로 심해에서 사는 종이나 그렇게 깊지 않은 근해에도 존재는 하지만, 심해로 갈수록 좀 더 크고 맛있는 대게를 잡을 수 있다.

조리법은 살아서 움직이는 것 또는 죽은 지 얼마 되지 않은 신선한 것을 양념없이 단순히 커다란 찜통에 넣고 삶는 것으로 짭쪼름한 맛이 일품이다. 대개 다리의 살은 물론 대게의 내장 또한 별미로 친다.

대게의 등을 뜯고 안에 있는 내장에 간장, 김, 참기름 등의 양념에 밥을 넣고 비벼먹는데 이 또한 별미이다. 이런 요리를 동해안 등지에서는 '게딱지 밥'이라고 한다. 대게의 내장은 색에 따라 황장, 녹장, 먹장으로 나뉘는데 황장의 고소한 맛이 가장 강하며 먹장 쪽으로 갈수록 쓴맛이 강해진다. 당연히 황장이 제일 구하기 어렵고 비싸다.

대게의 맛은 일반적으로 여러 가지 게들 중에서도 최상급으로 쳐서 대중적 인기도 높고 가격또한 상당히 높게 형성되어 있다. 대게는 육수의 재료로서도 매우 훌륭하며, 먹고 남은 껍질만 푹 끓여서 대게 육수를 우려내도 그 맛이 아주 좋다. 별 재료 없이 단순히 라면에 대게를 넣기만 해도 초호화 라면이 탄생한다.

제철 대게와 그렇지 않은 대게의 차이점은 등껍질에 붙어있는 살점의 양으로, 이것만으로도 구별이 가능하다. 그믐에 잡은 게가 살이 꽉 차있고 보름게는 살이 없으니 당연히 맛 또한 떨어진다.

한국사람에게 대게하면 대개 영덕 대게를 떠올리겠지만, 사실은 울진군과 포항시 구룡포에서 더 많은 양이 잡힌다. 동해에서 잡힌 같은 대게라도 어디서 온 배에 잡히느냐에 따라 산지가 달라진다. 다만 대게를 잡는 해역과의 거리상의 문제로 울진, 영덕, 포항(구룡포) 등의 세 군데로 압축이 되나 그중 영덕이 특히 유명한 것은 옛 문헌 기록에서 대게 기록을 찾아낸 선전효과와 인근 해역에서 잡힌 대게가 대체로 영덕항을 통해 유통되었기 때문에 해당 지명이 붙게 된 것이다. 최근 기후변화로 인해 해류의 흐름이 바뀌며 대게 어장이 남쪽으로 많이 확장되었으나 어획량이 감소되어 근해보다는 울릉도, 독도 부근의 깊은 심해 또는 먼 바다로 많이 조업을 나가지만, 그것 또한 수요를 충족할 수 없어서 요즘에는 러시아, 유럽에서 수입을 해오는 추세이다.

한국에서 유통되는 대게들은 모두 수게인데, 암게는 어종보호를 위해서 어획이 금지되어있고 이또한 남획 방지를 위해 9cm 미만의 대게는 체장미달이라 하여 놓아주도록 되어 있다. 체장미달 대게를 포획하거나 소지·유통·가공·보관·판매하는 것 역시 불법이다. 그동안 그물에 걸린 대게를 수심이 얕은 곳에 방류했을 때 생존 가능성을 놓고 논란이 있었는데, 수산과학원 독도수산연구센터의 조사 결과 방류된 대게의 생존율이 97% 이상으로 나타나는 것이 밝혀져서 이 조사 결과를 근거로 불법 포획뿐 아니라 의도치 않게 혼획된 암컷과 체장 9cm 미만의 어린 대게를 풀어줄 것을 당부했다.

필자는 가락동 농수산 시장에 자주 가는 편이다. 큼지막한 대게를 거금(?)을 주고 한 상자를 사서 집에 가지고 와서 찜통에 대게를 엎어서 찌고 다리와 몸통을 분리하여 뚜껑에 있는 내장에 밥을 넣고 양념장에 비벼 별미를 즐길 수 있다. 다리에 꽉 찬 살은 게살가위로 손쉽게 파내어 소주 한잔에 곁들이는 그 맛(?)이란 그야말로 모 방송의 광고 문구 맞다나 '니들이 대게 맛을 알아!'다. 게 뚜껑과 살이 덜찬 다리 끝 부분 등은 라면에 넣어서 뒤풀이 해장(?) 재료로 요긴하게 쓸 수도 있다. 꼭 요리 전문가(?)가 아니어도 일요일 한나절 집에서 가장표 손맛을 유감없이 발휘할 수 있다.

병어 : 칼슘 필수아미노산 성장기에 도움

치대를 졸업한 후 3년간의 수련을 마치고 군에 입대하여 서부전선 최전방 OO사단에서 군생활을 시작하였다. 당시 OO사단의무대 치과반은 치과군의관 대위 필자 일인, 중위 4인, 위생병 6인인 단촐한 식구들로 미 O사단이 한국군에 이관한 콘세트 막사에서 low speed engine이 달린 야전용 Unit chair로 그래도 수많은(?) 환자를 치료하였었다. 가끔 가뭄에 콩 나듯이 san platinum이라도 두들겨서 떡고물(?)이 떨어질 때면 치과 군의관들이 단골 막걸리 집에 모여서 얼기설기 썬 병어회를 안주 삼아 목구멍의 때를 벗기곤 하였다. 막걸리 잔에 곁들인 숭덩숭덩 썬 초라한 병어회가 그리도 맛있던지! 소고기나 돼지고기 불고기 같은 기름진(?) 안주는 당시 군바리 주머니 사정으로는 부담(?)스러웠다.

그 시절 전방부대 군의관들의 하숙집, 단골 술집 및 음식점 하다못해 막걸리 집과 술집작부(?) 조차도 선임 선배 군의관들로부터 인수인계(?) 받은 것이라는 사실이 전설같이 전해 오고 있다.

병어는 우리나라 서해, 남해의 연근해에 분포하는 농어목 병어과의 물고기로 학명은 Pampus argenteus(Euphrasen, 1788)이다. 큰 놈은 60cm에 달하는 것도 있지만 대체로 식탁에 오르는 병어는 30cm 미만의 작은 것이다. 병어는 몸길이가 60cm라며 등 높이가 45cm일 정도로 납작해서 한마디로 병어의 모양은 마름모꼴로 주둥이는 짧고 끝이 둥글다. 배지느러미가 없고, 꼬리지느러미 후단은 깊게 파여 있다. 몸 전체가 금속성 광택을 띤 은백색이며, 아가미구멍이 작아서 눈의 하단부에 이르지 않는다. 입이 아주 작고 온몸에 떨어지기 쉬운 잔 비늘이 있으며 배지느러미는 없다.

병어는 대륙붕의 모래나 개펄 바닥의 저층부에 서식하며, 소형 갑각류, 갯지렁이류, 요각류를 섭식하며 무리를 이뤄 지내는 생활습성이 있다. 산란기는 5~8월이다. 우리나라 서해와 제주도를 포함한 남해에 출현하며, 일본 남부와 인도양에 분포한다. 흔히 병치로 불리며, 멸치잡이 낭장망에 함께 포획되는 경우가 많고 잡은 즉시 스트레스로 인해 죽기 때문에 살아있는 개체를 보기는 어렵다.

서유구(徐有榘)의 ≪난호어명고(蘭湖魚名考)≫에서는 “창(鯧;병어)은 남해에서 나는데 모양이 붕어와 비슷하다. 몸은 완전히 둥글고 단단한 뼈가 없다.”고 했다. ≪영표록(嶺表錄)≫에서 이르기를 “모양이 편어(鯿魚)와 비슷한데 뇌 위에 돌기가 등마루에까지 이어져 있다. 몸은 둥글고 살은 두터우며 단지 하나의 척추 뼈만 있다.”고 했다. 또한 ≪화한삼재도회(和漢三才圖會)≫에서 이르기를 “창(鯧)의 크기는 1자 남짓이며 흰색에 푸른색을 띠고 있다. 비늘이 작아서 없는 것 같다.”고 했다.

≪본초강목(本草綱目)≫에서 이르기를 “창어(鯧魚)가 물에서 헤엄쳐 다니면 여러 물고기들이 뒤따라 다니면서 창어의 침과 거품을 먹는데 그 모습이 창기(娼妓)와 닮았기 때문에 그렇게 이름을 지은 것이다.”라고 했다. 그 산지와 모양을 말한 것이 모두 세상에서 말하는 병어와 부합하니 병어가 창(鯧)이라는 것은 의심의 여지가 없다.

지금의 병어 역시 다닐 때 반드시 무리를 짓는데 지역민들이 그 무리를 지어 대열을 이루는 것이 병졸들과 같다고 생각해 병어(兵魚)라고 부른다. 예나 지금이나 병어는 호서의 도리해(桃李海 : 전남 무안군과 영광군, 함평군의 경계를 이루는 해제반도 앞바다)에서 가장 많이 난다.

병어에는 에너지 대사에 뛰어난 작용을 하는 비타민B1, B2 성분들이 풍부하게 함유되어 있기에 원기를 회복하고 기력을 보충하는데 탁월한 효과가 있다. 또한 병어에는 EPA, DHA 등의 불포화지방산이 풍부하게 들어있는데, 이 성분이 혈중 콜레스테롤 수치를 감소시키고, 혈관 내 유해한 노폐물 배출에 도움을 주어 고혈압을 비롯한 동맥경화와 같은 혈관질환들을 예방하는데도 좋다.

병어에 풍부하게 들어있는 칼슘과 필수아미노산, 불포화지방산이 골격이 성장하는 성장기 어린이의 골격발달과 두뇌발달 등의 성장발육에도 많은 도움을 준다. 전남 해양바이오연구원의 연구로는 단백질과 불포화지방산이 많은 병어가 DHA, EPA, 타우린이 풍부해 동맥경화나 뇌졸중과 같은 순환기 질환을 억제하고 치매와 당뇨병은 물론 암까지 예방하는 것으로 알려져 있다.

병어는 무침이나 구이, 찜, 조림, 튀김 등으로 손쉽게 즐길 수 있으며 매운탕이나 지리로 끓여도 감칠맛을 내어 그 맛에 빠지게 한다. 특히 병어조림의 감칠맛은 고종과 순종도 좋아했다고 전해온다. 병어는 특히, 뼈가 부드러워 뼈까지 썰어서 먹을 수 있어 입맛이 떨어지는 여름철의 밥도둑이다. 그러나 그야 말로 서민의 입맛을 돋우던 병어는 중국 어선들의 싹쓸이로 지금은 자취를 감추어 가뭄에 콩 나듯 잡히는 병어조차 금값이 되어 향수를 느끼게 한다.

붕어 : 열량 낮고 고단백 저지방 생선

낚시를 취미로 하는 사람들이 생각보다 엄청나게 많아 일요과부라는 말이 생겨날 정도이다. 낚시꾼은 낚싯대를 드리우고 고기가 올 때까지 무한정의 기다림의 시간을 갖는다. 낚시는 어찌 보면 지극히 비생산적(?)인 행위라고 할 수도 있으리라.

낚시꾼들의 대명사 같이 알려진 강태공의 본명은 강상(姜尙)으로, 중국 주나라 문왕 때 사람인데 일흔두 살이 될 때까지 매우 빈곤하게 살았고 한다. 극진(棘津)이라는 나루터에서 지내며 하는 일이라고는 독서와 낚시뿐이었다고 한다. 그렇다고 물고기를 잘 잡았냐 하면 그것이 아니고 강태공이 낚시터에서 기다린 것은 물고기가 아니라, '때'였다. 자신을 알아주는 사람을 만나고, 자신의 능력을 마음껏 펼칠 수 있는 시간, 즉 그 '때'를 낚기 위해 무려 72년의 세월을 기다렸다는 데서 때를 기다린다는 의미로 강태공이 종종 인용되곤 한다.

필자는 선친이 초등학교 교장으로 계시던 경기도 김포에서, 한국 전쟁이 끝난 직후의 어린 시절을 보내서 태어난 고향은 아니지만 이 지방에 대한 많은 향수를 가지고 있다.

그중 중학교 일학년 여름 방학을 시골집에서 낚시질을 하며 보낸 기억을 갖고 있다. 일제 때 만든 김포 관개 수로가 집에서 걸어서 불과 몇 분밖에 떨어져 있지 않았고, 또 그 당시는 오락꺼리가 낚시 이외에는 별로 없었다. 낚시에 관한 별 기술이 없이도 대나무 대와 수수깡 찌 정도의 우스운 채비의 초보 낚시꾼에게도 섭섭지 않은 조황(?)을 누릴 수 있었다. 비록 붕어 와 송사리, 가끔은 메기 수준이었지만……. 집의 가시 꼬인 된장을 처치하기(?) 좋았고 잡은 붕어등속은 말려서 두고두고 밥반찬에 한 몫을 하였다.

붕어는 경골어강 잉어목 잉어과에 속하는 어류로 학명은 Carassius auratus (Linnaeus, 1758) 이며 입은 작고 입수염은 없다. 몸은 황금색, 또는 녹갈색, 황록색을 띠지만 서식지에 따라 변화가 매우 심하며. 사파수는 44~52개 이다.

붕어는 국내 거의 모든 호수와 하천에 서식한다. 몸은 옆으로 납작하고 큰 비늘이 기와처럼 배열돼 있다. 몸 색깔은 일반적으로 등 쪽은 청갈색, 배 쪽은 은백색이거나 황갈색이다. 몸길이는 보통 5~20㎝다. 산란기는 4~7월이며 무리를 지어 물가의 수초에 알을 붙인다. 우리나라 모든 하천 및 호소, 동아시아 지역의 담수역 및 일본 등에 분포한다. 어획 시기는 봄부터 가을이나, 겨울에도 낚시 등으로 포획된다.

강태공들은 30.3cm가 넘는 토종 붕어를 잡았을 때 "월척(越尺)을 낚았다"며 기뻐한다. 월척은 길이 단위인 척(尺·30.3cm)을 넘어섰다(越)는 뜻이다. 토종 붕어가 월척이 되려면 평균 4년은 걸린다고 한다. 그러나 수십 년의 낚시 경력을 가진 꾼조차도 월척의 조력을 갖기가 만만치 않다. 중국산 붕어, 일본산 떡붕어·잉붕어 등 교잡종이나 잉어는 아무리 커도 월척으로 인정을 하지 않아서 낚시대회의 찬밥신세다. 그러나 월척 붕어의 약효가 뛰어날 것으로 여기는 사람이 많지만 과학적인 근거는 부족하다고 한다.

붕어를 떡붕어와 구별하기 위해 참붕어 또는 토종붕어라고 불리기도 한다. 최근에는 일본 고유종인 떡붕어(체고가 높고 새파수가 84~114개)가 유입되어 자연잡종이 많으며, 무분별한 방류로 인하여 집단별 유전자 교란이 매우 심한 편이다. 관상용으로 판매되는 다양한 금붕어들은 모두 붕어의 품종이다. 토종붕어는 과연 몇 살까지 살까? 알려진 바로는 15년이라고 한다. 붕어의 나이는 비늘에 나타나 있는 나이테로 알 수 있어 나무의 나이테처럼 물고기의 나이테도 일 년에 한 칸씩 커나간다고 전제하여 테의 수를 나이로 보아 알 수 있다.

우리 조상은 예부터 붕어를 체력과 기(氣)를 보양하는 약재로 간주했다. 동의보감엔 "맛이 달며 위(胃)의 기운을 고르게 하고 오장을 보(補)하며 설사를 멎게 한다."고 쓰여 있다. 순채(싹 채소)와 함께 국을 끓여 먹으면 위가 약해 소화가 떨어지는 사람도 소화를 잘 시킨다고 했다.

조선 왕실에서 붕어찜은 왕의 보양식이었다. 궁중의궤엔 궁중 대연회에 붕어찜이 31차례나 등장했다고 기록돼 있다. 붕어·연계(닭)·꿩·쇠고기·표고·석이버섯 등이 왕실 붕어찜의 재료였다.

조선 효종 때 신하들은 채식주의자였던 중전에게 붕어찜을 권하면서 "비위를 보하고 원기를 회복시키는 성약(聖藥)"이라고 치켜세웠다. 음양오행(陰陽五行)에서 붕어는 예외적인 생선이다. 모든 생선은 불 화(火)의 속성을 지니지만 유독 붕어만은 흙 토(土)에 속한다고 여겼다. 붕어가 위 기운을 고르게 하고 장과 위를 튼튼하게 한다는 것은 음양오행론적 해석이다.

붕어·잉어는 다이어트 중인 사람도 부담 없이 먹을 수 있는 생선이다. 열량(100g당)이 서로 엇비슷하게 낮으며 (붕어 94kcal, 잉어 113kcal), 고단백질·저지방 식품인 공통점을 갖고 있으며, 뼈 건강을 돕는 칼슘, 혈압을 조절하는 칼륨이 비교적 많이 든 영양상의 장점을 갖고 있다.

붕어 요리는 오래전부터 흔히 먹을 수 있는 요리로 붕어 찜, 붕어 매운탕, 붕어 튀김 , 붕어조림과 건강식으로는 붕어고로 다양하게 우리 민족과 같이 하고 있다.

빙어 : 칼슘 비타민 풍부 육질 연하고 담백

1968년 겨울 당시 치예과에 다니던 필자는 고시공부를 하는 법대생 선배를 위문하러 제천의 어느 산골에 갔던 길에 '의림지'를 방문했던 일이 있었다. 당시 제천 시내서 그곳까지는 시내버스도 없어 외진 비포장 길을 먼지를 뒤집어쓰며 하염없이 걸어갔었다. 마침내 도착한 그곳은 얼음에 덮인 황량한 저수지와 주변에 아름드리 노송 몇 그루만 서있는 그야말로 을씨년스러운 겨울 풍경은 처량하기 짝이 없었다. 더구나 당시에는 이곳이 신라시대부터 내려온 한국 최초의 저수지이고 귀한 빙어가 자라고 있다는 안내문조차 없었으니……. 사실 당시는 얼음 밑에 있을지도 모르는 신비(?)의 빙어(氷魚)에 대한 막연한 환상을 가지고 돌아왔다.

세월이 흘러 광주 조선치대에 몸담고 있을 시절 근처 식당 수조에서 활개 치는 송사리스런(?) 물고기가 '빙어'라고 해서 제천의 의림지에서 공수(?) 해온 물고기인줄 알았더니 실은 광주 근처의 담양호에서 잡아온 것이라고 해서 놀란 일이 있었다. 알고 보니 요즈음은 한국의 거의 모든 내수면에서 겨울철에 쉽게 볼 수 있는 흔한 물고기가 되어있었고, 빙어 낚시는 겨울철 쉽게 즐길 수 있는 놀이로 변해 있었다.

일전 모처럼의 한파가 맹위를 떨치던 날 아들내외가 유아원에 다니는 손자손녀와 송추의 어느 유원지에 갔었는데 글쎄 그곳에서 아들가족이 얼음낚시를 하여 손주들에게 낚시의 손맛을 톡톡히(?) 보여주어 이 할아비에게 자랑하게 해준 귀중한 어종(?)이 빙어라니……. 지금은 한 겨울에 가족을 동반하여 별다른 재주 없이 즐거움을 제공(?)하는 훌륭한 어족으로 변하였다.

빙어는 바다빙어목 바다빙어과에 속하는 물고기로 고서에는 살에서 오이 맛이 난다 하여 과(瓜 : 오이)자를 써서 과어(瓜魚)라고도 했다. 한국 빙어를 Hypomesus olidus(Pallas, 1814)로 분류하는데 최근 들어 학계에서는 H.nipponensis로 보는 편이 더 정확하다는 의견이 대두됐다.

빙어라는 이름은 조선말의 실학자인 서유구(1764~1845)가 ≪전어지≫에 "동지가 지난 뒤 얼음에 구멍을 내어 그물이나 낚시로 잡고, 입추가 지나면 푸른색이 점점 사라지기 시작하다가 얼음이 녹으면 잘 보이지 않는다."하여 얼음 '빙'(氷)에 물고기 '어'(魚)자를 따서 '빙어'라 불렀다는 기록이 남아있다.

빙어는 남한은 물론 북한에서도 흔히 볼 수 있는 물고기로 1920년

대부터 함경남도 용흥강에서 빙어를 잡아 다른 하천에 풀었다고 하니, 과거에는 남한 지역에 빙어가 없었던 듯하다. 찬물을 좋아하지만 30도쯤 되는 물에서도 적응할 수 있다. 몸길이는 10~15cm 가량으로 가늘고 길고 아래턱이 나오고 등지러미 뒤쪽에 기름지느러미가 있다. 몸빛은 담회색 바탕에 황색을 띠고 몸 옆에 회색의 세로띠가 있다. 빙어는 순수한 민물에 사는 종류로 염분이 어느 정도 섞여 있는 곳에서 사는 종류, 강과 바다를 회유하는 종류의 세 가지로 나뉜다. 빙어는 알에서 나온 뒤 몸길이가 약 3cm로 자라면 바다로 가서 보통 1년 정도 지나 몸길이가 10cm쯤 되면 다시 민물에 올라와 알을 낳는다. 1년 정도 자란 빙어는 1~2월경에 수심 20~30m의 바닥에 알을 낳아 모래나 물풀에 붙여 놓으며, 알은 수온 9℃ 정도에서 25~30일 정도 지나면 부화한다. 어미는 알을 낳고 난 뒤 점차 여위다가 5~6월경이 되면 체력이 회복되지만, 7~8월경에 죽는다. 그러나 20~30% 정도는 살아남아 다시 산란한다. 빙어는 강가에서는 여름에는 수온이 낮은 깊은 곳에서 살아가며, 수온이 낮은 겨울에는 수면 가까이 올라온다.

순수 토종 빙어는 삼국시대에 축조된 국내 최고의 저수지 충북 제천의 의림지에서만 서식하며 낚시가 금지되어 있다. 유명한 서식지로는 춘천 소양호, 제천 의림지, 강화 장흥지, 춘천호, 합천호 등이 있으며 겨울 낚시의 인기종으로 호수의 얼음을 깨고 견지대나 소형낚시로 어획하거나 그물을 사용한다. 주 활동시기인 겨울철에 가장 맛이 좋다.

빙어는 흔히 1급수의 물에서만 사는 물고기로 알려져 있으나 이것은 잘못된 상식으로 물고기 중 유일하게 등급외의 수질에서도 아무 문제없이 생존하는데, 수질 적응 능력이 매우 뛰어나기 때문에 기름이 뜨고 쓰레기가 가득한 연못에서도 수온만 맞으면 생존할 수 있기 때문이다. 심지어 하수처리장과 공장에서 폐수를 불법 투기한 하천에서도 서식하는 것이 관찰된 사례가 있다.

빙어는 껍질이 얇아 터지기 쉬워 신선한 것을 통째로 요리하므로 칼슘과 비타민이 풍부하며, 육질이 연하고 비린내가 거의 나지 않는 담백한 맛으로 인기가 좋다. 회나 튀김, 조림, 무침, 국 등 다양하게 요리되어 술안주 거리로는 그만이다. 그러나 살아있는 빙어를 초장에 찍어서 회로 먹는 것이 아무리 겨울철 별미라 하더라도 디스토마 감염의 위험성과 맞바꿀 수는 없다.

새우 : 비타민 B복합체 풍부한 스태미나 식품

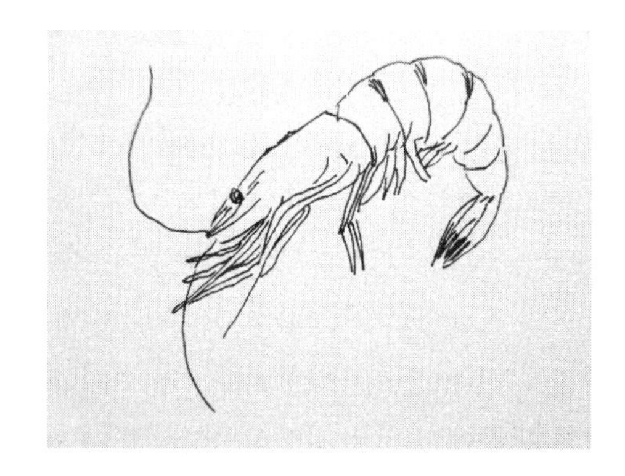

새우(Shrimp)는 십각목에 속하는 생이하목(Caridea) 갑각류의 총칭이다. 새우는 전 세계에 걸쳐 민물과 바닷물에 서식한다. 평소에는 앞으로 헤엄치지만, 지느러미처럼 생긴 꼬리채를 재빨리 휘둘러 뒤로 헤엄칠 수도 있다. 보리새우와 더불어, 인간의 소비를 위해 잡히고 사육된다.

새우의 몸은 게와 마찬가지로 키틴질을 포함하는 단단하고 뻣뻣한 갑각으로 싸여 있고, 여러 개의 몸마디로 되어 있다. 머리·가슴·배의 세 부분으로 이루어져 있는데 머리와 가슴은 융합하여 등딱지를 이루며 석회질화한 껍데기로 싸여 있다. 껍데기를 갑각(甲殼)이라 한다. 갑각은 머리 부분의 뒷가장자리 피부에서 나오는 주름에서 발생한 것이다. 눈마디를 하나의 몸마디로 보면 머리는 6마디, 가슴은 8마디, 배는 7마디로 몸 전체가 21마디로 되어 있다.

알은 산출되면 암컷의 배다리에 붙게 되는데 이것을 포란이라 한다. 갓 부화한 새끼는 다리가 달린 아주 작은 조롱박처럼 보인다. 2~4주가 지나면 몇 차례 변화를 거쳐 성체를 축소시켜 놓은 듯한 모습이 된다. 크기가 작은 새우는 대부분 플랑크톤을 먹는다. 또 몸집이 큰 새우는 바다 바닥에 사는 것을 먹는다. 또 새우들은 물고기와 물속에 사는 다른 동물의 중요한 먹이가 된다. 어떤 새우는 물고기의 아가미와 입, 비늘에 기생하는 기생충을 잡아먹어 청소부 역할을 한다. 새우는 단백질이 풍부하고 지방이 적어 세계 각국에서 귀중한 식품으로 이용되고 있으며, 동물사료나 낚시미끼로도 쓰인다. 한국 연해와 민물에서는 약 80종의 새우류가 알려져 있다. 전 세계에서 잡히는 새우의 약 1/3이 아시아에서 잡히며 양식을 하기도 한다.

새우는 한자어로 하(蝦, 鰕)라 하고, 크기에 따라 대하, 중하, 소하로 나눈다. 대하는 물속에서 움직일 때 허리의 구부리는 모양을 노인에 비유하여 '해로(海老)'라고 부른다. "바다의 어른"이라는 별명을 갖고 있는 대하는 바다의 어른다운 별명처럼 몸길이의 2~3배나 되는 긴 수염을 가지고 있다.

대하는 우리나라에서 오랫동안 먹어왔던 식품으로 1814년 정약전이 지은 '자산어보(玆山魚譜)'에는 "맛이 매우 달콤하다."고 소개되었으며, 예부터 총각은 삼가야 한다는 말이 생길 정도로 양기를 북돋아 신장을 강하게 하는 강장식품으로 알려져 있다. 대하는 지방은 낮으면서 양질의 단백질과 칼슘을 비롯한 무기질, 비타민 B복합체가 풍부한 최고의 스태미나 식품으로 '본초강목'에서는 양기를 양성하게 하는 식품으로 일급에 속한다고 하였다.

특히 대하의 독특한 단맛을 내는 글리신(glycine)은 100g중 1,000mg이상을 함유하고 있어 산들바람이 부는 가을철에 글리신 함량이 가장 높아 이때 먹는 대하 맛이 으뜸이다.

흔히 대하와 보리새우가 비슷하여 혼동되기도 하는데, 대하는 무늬가 없고 회색을 띠며 보리새우는 호랑이 무늬 같은 줄이 나 있는 것이 특징이다. 대하는 맛이나 영양적으로 가장 우수하며 숫대하보다는 암대하의 크기가 크고 소비자들이 선호하기 때문에 값이 비싼 편이다. 맛있는 대하는 껍질이 약간 단단하고 투명감이 있으며 윤기가 있어야 한다. 또한 머리가 달려있어야 하며 머리부분이 검거나 전체가 불투명한 것은 피하도록 한다. 양기를 북돋워 주는 강장식품인 대하는 조선시대 궁중에서도 빠지지 않고 즐겼던 왕가의 음식이었다. 궁중의 대하찜(大蝦蒸)은 대하의 등을 갈라서 넓게 펴서 쪄내어 위에 지단 채와 실고추 등 오색으로 고명을 얹어서 꾸미는데 색색 올린 오색 고명이 식감을 자극하는 궁중의 대표적인 별미 음식이다.

오래전 90년대 초반에 대한구강악안면 성형재건 외과학회가 조선대학교 치과대학이 주관이 되어 광주에서 열린 일이 있었다. 당시 학회에 참석하였던 모교 후배들을 광주의 한 츠키다시 (突き出し 쓰끼다시;처음에 내놓는 가벼운 안주) 집으로 초대하여 전남치대의 유선열 교수와 필자가 저녁을 대접한 일이 있었다. 맥주를 짝으로 가져다 놓고 젊은 후배들과 엄청나게 마셔대었다. 광주는 음식 인심이 상상을 초월 할 정도로 후하여 싱싱한 해산물들과 끊임없이 뒤 따라오는 갖가지 안주에 참석한 후배들은 입이 떡 벌어질 정도로 놀랐었다. 그러나 정작 더 놀란 것은 조그마한 양푼에 담겨 나온 살아서 펄펄 뛰는 오도리(보리새우, 오도리는 일본어 오도루(おどる)에서 따온 말로 '뛰어오르다'라는 뜻을 가지고 있다)이었다. 서울에서는 어지간히 큰 일식집에서 상당한 출혈(?)을 각오하지 않으면 감히 볼 수 없는 풍경이었기 때문이다. 오도리의 머리와 꼬리를 잡고 산채로 초장에 찍어 먹는 고소한 그 맛은 늦여름 한철 광주가 아니면 맛 볼 수 없는 것이었다. 그 날 저녁 양푼에 담겨 나온 오도리를 여러 번 비웠음은 물론이다.

보리새우는 살이 많기도 하거니와 맛도 좋고 영양소도 풍부하기 때문에 식재료 인기가 높은 편이다. 따라서 보리새우는 단순 어업으로는 충족 수량을 채우기 어려워서 양식업을 통해서 수요를 충족하고 있다.

보리새우의 영양소는 새우 특유의 키토산이 많이 함유되어 있고 칼슘도 풍부하여 골다공증에도 상당히 좋다. 그리고 고단백에 저지방 식재료로 다이어트에도 상당한 도움을 준다. 그 외 무기질, 비타민B

도 풍부하여 체력 증강에도 상당히 좋다. 또 보리새우는 다른 새우들과는 차이점이 있는데, 그건 바로 실온에서 상하는 속도가 더디다는 점이다. 이러한 보관상의 장점 덕분에 보리새우는 회나 초밥과 같이 날 것으로도 많이 애용된다. 다만 건보리새우의 경우 머리에 기준치의 3배 분량의 카드뮴이 들어있다 는 보고가 있어 떼어내고 먹는 것이 좋다고 한다.

새조개 : 초고추장 찍어 먹으면 달짝지근한 맛 일품

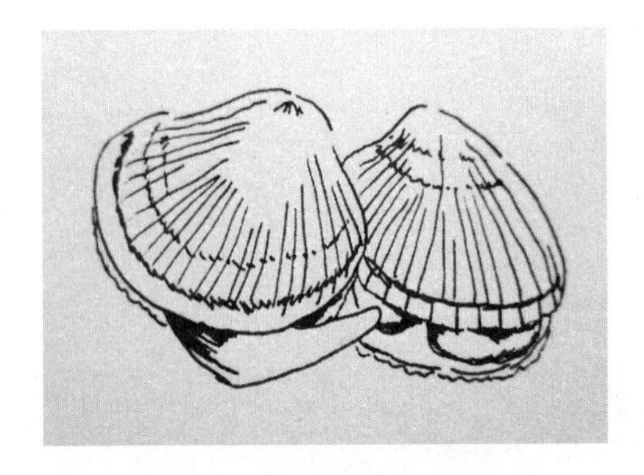

새조개는 이치목(異齒目) 이매패류(二枚貝類, Bivalvia), 새조개과의 연체동물로 원형으로 볼록한 형태를 하고 있가. 학명은 Fulvia mutica(Reeve)이다. 새조개는 출생 후 약 1년 만에 성숙하는데, 자웅 동체인 새조개의 산란기는 성체의 출생 시기에 따라 수온이 약 16~20℃인 3~5월, 9~11월 두 차례이다. 새조개는 산란 후 유생기를 거치면서 약 1개월가량 부유 생활을 하게 된다. 이 시기에 유생은 해양 환경의 변화에 대단히 민감하며 식물성 플랑크톤을 주 먹이로 자란다. 유생이 고착생활로 들어가면서 치패로 자라며, 적정한 성장 조건이 되면 급격한 성장을 보인다(1개월에 10mm이상). 새조개의 적절한 수온은 18~22℃이지만 살 수 있는 수온 범위는 5~26℃이다. 먹이는 입수관을 통해 바닷물과 함께 들어온 플랑크톤이나 부화 유생을 먹고사는 것으로 알려져 있다.

옛 문헌에서 새조개에 관한 기록으로는 정약전(丁若銓)의 ≪자산어보 玆山魚譜≫에는 작합(雀蛤), 속명 새조개(璽雕開)라는 것이 "큰 것은 지름이 4~5치 되고 조가비는 두껍고 매끈하며, 북쪽 땅에서는 매우 흔하지만 남쪽에서는 희귀하다. 난태생으로 진흙탕에 서식한다."고 간단하게 기재되어 있다. 또한 구한말의 한국수산지 제1집(1908)에만 유용수산물 106종 가운데 패류18종에 포함되어 있을 뿐으로 일반적으로 새조개에 대해서는 잘 알려져 있지 않은 것 같다.

새조개는 각장 95mm, 각고 95mm, 각폭 65mm에 달하며, 패각은 볼록하고 원형이며 얇다. 패각의 표면은 각정에서는 홍색을 띠고 배 쪽 가장자리는 백색을 띠며 각피는 연한 황갈색이다. 패각의 표면에는 40~50줄의 가늘고 얇은 홈들이 방사상으로 달리는데 이들 홈에는 부드러운 털이 촘촘히 나 있다.

새조개는 우리나라·일본·중국의 내만이나 내해의 수심 10~30m의 모래 진흙질 바닥에서 산다. 산란기는 2~6월과 8~11월이다. 우리나라의 남해안에 주로 분포하고 있으며 자웅동체로 만 1년이면 산란이 가능하다. 어린 조개는 연안의 얕은 곳의 펄 속에 파고 들어가 서식하며 성장함에 따라 발을 이용해 깊은 곳으로 이동한다. 발은 삼각형이고 진한 흑자색인데, 가장 맛이 있으며 그 맛이 닭고기와 비슷하다 해서 인기가 좋다.

발이 상당히 길어 껍질을 까놓으면 모양이 작은 새와 비슷하다 하여 새조개(조합(鳥蛤))라는 이름이 붙었다. 새조개는 지역에 따라 다양한 방언이 존재하여 갈매기조개(부산·진해·창원), 도리가이(여수), 새꼬막(해남), 오리조개(남해, 하동)으로 불리며 일본어로는 토리가이(鳥貝, 鳥蛤トリガイ), 영어로는 egg cockle로 불린다.

원형으로 볼록하고 얇으며 양 껍데기를 붙이면 공처럼 보인다. 껍데기표면에는 40~50개의 가늘고 얕은 방사상의 주름(방사륵, 放射肋)이 있고 이 방사륵을 따라 부드러운 털이 촘촘히 나 있다. 껍데기 바깥쪽은 연한 황갈색의 각피로 덮여 있고 안쪽은 홍자색이다. 발은 삼각형으로 길고 흑갈색이다.

우리나라에서는 수산자원관리법 제14조(포획, 채취금지)에 의해 수산자원관리법 시행령에 의거 새조개 산란기를 감안하여 6월 16일부터 9월 30일까지 새조개의 포획 채취 금지기간으로 설정하여 집중적인 어획을 제한하고 어린 조개의 채취를 금지하는 정도의 관리가 이루어지고 있다. 새조개의 특별한 양식법은 개발되지 않았으며 산란기 이후 최고로 비만해진 겨울철이 제철이다. 샤브샤브나 초밥재료나 생식, 구이 등으로 인기가 좋으며, 깨끗이 씻어 말린 후 건조시키거나, 삶은 물을 농축하여 조미료처럼 쓰기도 한다.

샤브샤브를 위해서는 먼저 소금 간을 한 물로 냄비를 채운 후 무,

배추, 팽이버섯, 대파, 청양고추 따위의 채소를 넣고 펄펄 끓여 새조개 살을 15~20초 동안 담가 살짝 익힌 후 초고추장을 찍어 먹으면 된다. 담백하고 달짝지근한 감칠맛이 일품이다. 샤브샤브를 해먹고 남은 국물에 수제비, 칼국수, 라면사리를 끓여 먹는 맛도 별미다. 술안주로는 '새조개 무침'이 제격이다.

사실 필자는 서울 지역에서 어린 시절을 보내서 새조개를 접할 기회가 없었는데 광주 조선 치대에 몸담고 있을 시절 마침 이곳에 정착하셨던 외종조부님(서태관님, 서중일고 동창회장 역임)댁에서 새조개를 맛보고 그 맛에 반하여 아직껏 즐기고 있다.

새조개는 생식 환경에 따라서 흰색깔과 약간 탁한 검은 빛을 띠게 되는데 실상 맛에서 차이는 없으나 흰 것을 훨씬 더 선호한다. 일본 사람들이 좋아하여 잡히는 즉시 냉장하여 일본으로 수출하여 국내에서는 맛보기가 쉽지 않았을 때도 있었다. 일전에 가락동 농수산 시장에 가니 마침 생물 새조개가 나왔기에 반가워서 좌판을 싹쓸이하여 집에 가지고 와서 내장을 손질하고 소금물에서 씻어 샤브샤브를 하여 전 가족이 즐긴 일이 있었다. 달착지근하면서 보드랍게 씹히는 그 맛은 가히 일품이며 샤브샤브 국물에 칼국수를 말아 먹는 그 맛 또한 가히 즐길만 하였다.

성게알 : 가슴 답답하고 부종 있는 사람에 좋아

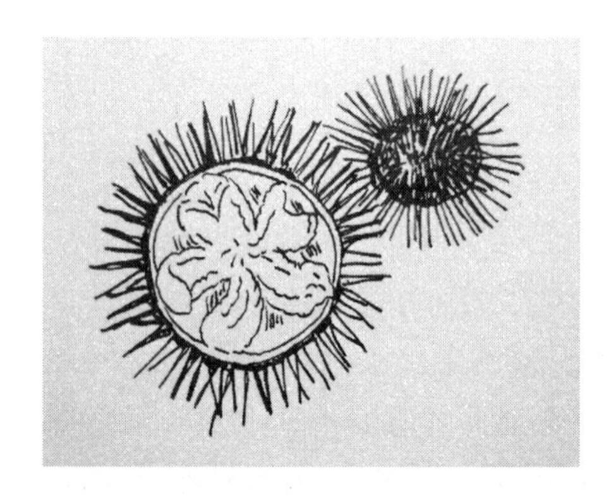

성게는 극피동물문 성게아문 성게강을 이루는 동물군으로 우리나라에는 약 30종 정도가 서식하며 학명은 Echinoidea로 그 중 보라성게가 많이 채취된다. 가시가 삐죽하게 난 모양 때문에 못 먹는 것으로 생각하는 사람이 많은데, 마치 밤처럼 껍질을 까면 생선 알 같이 생긴 살이 나오며 젓갈을 담거나 술안주, 회로 먹는다. 제주도에서는 알을 미역국에 넣고 끓인 성게알 미역국이 별미로 꼽힌다.

성게 알의 맛은 비리지 않으며 부드럽고 고소한 감칠맛이 나서 오

래전부터 식도락가의 인기를 독차지하고 있다. 성게알은 일본어로는 우니(ウニ,海胆)라고 하며 영명은 sea urchins이다. 전 세계에서 성게 알을 먹는 곳은 중국, 한국, 일본, 이태리, 그리스 등이며 성게알 요리는 이태리에서도 고급으로 알려져 있다.

성게는 '섬게'라고도 하며 옛 문헌에서는 '해구(海毬)', '해위(海蝟)'라 하였고 우리말로는 '밤송이조개'라고 하였는데, 정약전(丁若銓)의 ≪자산어보(玆山魚譜)≫에서는 보라성게를 한자로 '율구합(栗毬蛤)'이라 기록하고 있다. 제주도에서는 '구살'이라고 부른다.

몸은 공 모양이거나 심장 모양으로 몸의 앞뒤에 방향성은 없으나, 상하의 구별은 있으며, 기관의 배열은 다섯 방향으로 대칭을 이룬다. 내부는 탄산칼슘 성분의 두꺼운 골판이 규칙적으로 배열되어 단단한 껍데기를 이루며, 그 위에 얇은 표피가 덮여 있다. 입과 항문은 각각 몸의 아래쪽과 위쪽의 중앙에 위치한다. 입이 있는 부위인 위구부(圍口部)에 있는 가시는 이가 되며 내부에 '아리스토텔레스의 등불'이라고 하는 석회질의 억센 이빨로 된 저작기(咀嚼器)가 있다. 체표에는 갈래가시 또는 둥근 가시가 있어 감각기능이 있다. 가시 사이에는 앞 끝에 빨판이 붙어 있는 관족이 뻗어 나와 있어 이동 시 가시와 관족을 모두 사용한다.

성게는 종류에 따라 다르지만 주로 해조류나 바위에 붙어사는 수생동물을 잡아먹는다. 자웅이체이며, 겉모습이 일정한 정형류와 보는 방향에 따라 모습이 다른 부정형류로 나뉜다. 정형류는 보라성게가, 부정형류는 염통성게가 대표적이다. 전 세계에 약 900종이 분포하며 한국에서는 약 30종이 서식한다.

최근의 연구에 따르면 성게의 성분 중 칼슘이 인체가 스트레스에 대응하는데 중요한 작용을 한다고 한다. 칼슘의 양은 성게 100g에 18.8mg로 다른 식품에 비해 훨씬 많이 포함되어 있으며 비타민 A, B1, B2, 지질, 단백질이 충분히 들어 있어 옛날부터 강정제로 이용되었다. 단백질은 해삼보다 많이 들어있어 해삼을 먹지 않는 유럽 사람들도 선호하는 식품이기도 하다. 성게는 날 것이 영양가가 많으며, 그 이외에도 성게국, 성게알젓이나 젓갈, 말리거나 성게의 가공식품 등으로 이용되고 있다.

또 성게는 몸에 열이 많은 사람이나 가슴이 답답하고 몸에 부종이 있는 사람에게 좋으며 거담제로서도 효과적이다. 이외에도 성게는 피로회복과 체력증강, 알코올 해독, 노화방지, 산후조리 및 회복, 암 예방 효과 등의 수많은 긍정적 효능을 가지고 있는 우수한 식품으로 알려져 있다.

오래전 필자가 경희치대 본과 3학년 때 한여름에 봉사동아리인 WBM의 일원으로 지금은 고인이 되신 이상철 교수님을 모시고 강원도 삼척군 장호리 장호중학교에서 봉사 활동을 한 일이 있었다. 봉사 활동이 끝나고 서울로 떠나기 전날, 수고했다고 마을 어촌계에서 하루를 온전히 우리 봉사단 학생들을 위해서 바다에서 소위 머구리가 딴 성게, 해삼 등으로 학생들을 대접하여 해수욕도 하고 푸짐한 해산물을 먹으며 즐거운 시간을 보냈었다. 그 때 깊은 바닷속에서 잠수복에 연결된 생명줄로 공기를 공급받으면서 그리도 어렵게 성게와 해삼 등을 따 올리는 것을 처음으로 본 이후 회접시의 한 모퉁이를 차지하고 있는, 주인의 생색내기(?)로 깊이가 성냥갑보다도 얇은 나무통에 병아리 오줌만큼(?)이나 나오는 성게 알을 볼 적마다 그 귀함을 새삼 느끼곤 한다.

세월이 흘러 2012년 5월 제주에서 대한 구강병리학회 학술대회가 열렸다. 사실 필자는 예과 시절의 무전여행부터 시작하여 제주방문 이력이 제주 관광 안내원을 하고도 남을 만큼 제주의 방방곡곡을 속속들이 알 만한 지경이 되었지만……. 그래도 못가 본 곳을 찾아 가자고 하여 김규문 박사님(전 대한구강악안면병리학회 회장 역임)을 모시고 필자가 몸담고 있는 교실의 강상욱 선생과 가파도에 가 보았다. 모슬포 항에서 배를 타고 가파도의 상동포구에 내려서 보리밭 길을 걸어서 가파초등학교를 거쳐서 섬을 가로 질러 반대편 하동포구의 바닷가 '해녀의 집'에 도착하였다. 성게 알을 하나 가득 담은 제법 큰 접시가 불과 2만원이라니! 성게 한 마리에서 알이 불과 차 숟가락으로 한 개 내지 두 개에 달하는 양이니 이것이 모여서 접시 하나 가득 채우려면 해녀가 얼마나 많은 물질을 했었을까를 생각하며 새삼 그 노고가 가슴에 와 닿았다. 너무나 착한(?) 그 가격에 놀라고 성게 비빔밥을 해서 먹은 그 고소한 맛에 또 놀랐다. 그날 일생 먹어볼 성게 알을 그날 한 번에 다 먹어 보았듯이 포식하였다. 며칠 여유롭게 낚시를 즐길 수 있으면 얼마나 좋을까 하는 바람을 가지고 돌아왔다.

연어 : 고향으로 건너가 후손 남긴 후 죽는 드라마틱

연어(Salmon) 분류학상으로 연어목, 연어과, 연어속에 속하는 냉수성 어류로 학명은 Oncorhynchus ketaWalbaum, 1792이다. 태평양에는 홍연어, 은연어, 왕연어, 연어, 시마연어, 곱사연어와 강철머리송어 등 7종의 연어 종류가 분포하며, 대서양에는 2종이 서식한다. 그러나 우리나라에는 이 모든 종 가운데 연어와 시마연어 등의 2종만을 볼 수 있어 아직은 대중적으로 생소하다.

연어의 몸은 비교적 가늘고 위아래로 약간 납작하다. 머리는 원뿔 형태이며, 주둥이가 약간 뾰족하게 나와 있다. 해양에서의 몸빛은 등은 암청색, 몸 옆은 은백색이고, 몸과 지느러미에 검은 반점이 없다. 등지느러미와 꼬리지느러미 사이에는 작은 기름지느러미가 있다. 기름지느러미는 지방만으로 이루어져 있으며, 다른 지느러미처럼 움직일 수 없다. 연어의 뼈는 잉어와 붕어 등의 생선에 비해 물렁뼈의 비중이 크며, 특히 머리뼈는 물렁뼈만으로 이루어져있다.

양식 연어는 본래 회색빛의 살색을 띠나 아스타잔틴을 이용한 사료를 먹은 경우 연분홍빛 색상을 낸다. 꼬리지느러미에는 은백색의 방사선이 지나고 있다. 그러다가 산란기에 하천으로 거슬러 올라오면 은백색이 없어지고 몸 전체가 거무스름해지며 검정·노랑·분홍·보라가 섞인 불규칙한 줄무늬가 몸 옆에 나타난다.

연어는 성숙함에 따라서 머리가 길어지고 특히 수컷의 주둥이 끝은 아래쪽으로, 아래턱은 위쪽으로 굽고 양 턱의 이가 강해진다. 성숙한 알은 지름이 7~8mm, 빛깔은 붉은 빛이 도는 오렌지색이고, 한 배에 약 3,000개의 알을 품고 강의 중류에 산란한다. 부화한 치어는 바다로 내려가서 성장한 다음 원래의 강으로 되돌아오는 습성이 있다. 남대천에서 방류된 치어연어는 민물에서 태어난 뒤 바다로 나가 수천 km나 떨어진 멀고먼 알라스카와 베링해를 거쳐서 자신이 태어난 남대천에 돌아와 산란한다. 그 먼 길을 하필이면 왜 그런 경로를 거쳐서 돌아오는 것인지, 또 어떻게 기억하여 자신이 태어난 모천으로 다시 돌아오는 것인지는 아직도 수수께끼다. 사실 연어는 민물고기인지 바닷물고기인지에 대한 논란이 있지만 대부분의 생애를 바다에서 보내 바닷물고기 쪽에 가깝다는 평이다. 연어는 바다에서 여러 해 동안 수천km나 헤엄쳐서 산란지인 강 상류에 도착하여 여름이나 가을에 산란한다.

연어는 고향인 강으로 죽음을 무릅쓰고 건너가 후손을 남긴 후에 기력이 다해 죽는 그 과정이 무척 드라마틱해서 깊은 인상을 주는 물고기이기도 하다. 특히 폭포를 힘차게 수면 밖으로 튀어올라 건너는 연어들의 모습은 대단한 근성이 느껴진다. 참고로 연어가 저 정도로 점프하는 것은 사람으로 치면 4층 건물만큼 점프하는 것과 같은 일이라고 한다. 산란기가 9~11월 사이로 바다에서 강으로 가는 도중 물개와 상어의 좋은 표적이 된다.

산란지에 도착한 연어 암컷은 수심이 얕고 물결이 잔잔하게 이는 자갈밭에 구멍을 판다. 암컷이 꼬리를 앞뒤로 흔들어 접시 모양의 구멍을 파는 동안, 수컷은 주변을 돌며 암컷을 보호한다. 암컷이 구멍에 알을 낳으면, 수컷이 그 위에 정자를 뿌려 수정시킨다. 그러고 나면 암컷은 조금 더 앞으로 나아가서 다른 구멍을 파고 더 많은 알을 낳는다. 수컷과 암컷은 이러한 과정을 여러 번 반복한다. 산란 후에는 구멍 옆의 자갈로 알을 잘 덮어 준다. 산란을 끝낸 암수는 지쳐서 모두 죽는다. 단, 알을 한번 낳고 죽는 종류는 태평양 연어로, 노르웨이 등에 분포하는 대서양 연어는 산란을 끝내도 죽지 않고 이후에 다시 산란하기도 한다.

연어는 살이 많고 맛이 좋기로 많이 알려져 있어서 특히 서양에서 훈제 및 구이 등으로 많이 먹어온 생선이며 연어에는 비타민 A와 비타민 E 등이 특히 풍부하다.

연어는 기호에 따라 크게 냉장과 냉동으로 처리하여 이용된다. 연어회, 초밥, 생연어 등은 주로 냉장연어가 사용되고, 구이, 캔, 훈제, 피자, 파스타 등은 주로 냉동연어를 사용한다. 연어는 분류상으로는 흰살 생선에 해당되지만 몸이 붉은 경우가 많은데, 이는 연어가 주먹이로 크릴 등의 갑각류를 먹으면서 갑각류의 붉은 색소가 몸에 배이기 때문이다. 이 영향으로 인해 알에도 연한 붉은 색을 띄게 된다.

급격히 줄어든 연어의 개체 수를 늘리기 위해 연어를 인공적으로 부화시키는 방법을 사용하여 치어를 번식 시킨 후 어느 정도로 자라면 강에 방류하는 사업을 시행하고 있다. 더불어 하천 개발로 인해 오염된 강을 정화시키는 사업과 연어 포획 관련 규제를 설정함으로서 1990년대 이후 회유하는 연어의 수가 점차 늘어나기 시작하였다. 우리나라에서의 연어의 주 회유지로 동해안의 하천들이 많으며 강원도의 남대천과 울산의 태화강이 대표적이다.

연어의 양식은 차가운 한류가 흐르는 해역이 연어양식에 적합하여 노르웨이, 캐나다, 칠레, 호주, 영국 등에서 이미 연어양식이 진행중이며 우리나라에서는 동해가 연어양식 적합지역으로 강원도에서는 현재 먼 바다 깊은 곳 외해 수중양식을 통해 연어를 양식하고 있다.

2002년 4월 20일 미국 New Orleans에서 미국 구강악안면병리학회(AAOMP)가 열린 일이 있어 참석하였다. 그 먼 곳까지 동행해준 집사람에게 특별한 요리를 대접하려고 최고급 호텔 식당에서

waiter에게 그곳에서 자신 있는 요리를 추천하라고 하였는데 글쎄 손가락 세 마디 정도의 연어 steak가 전부였다. 형편없는 맛에 가격은 왜 그리 비싸던지……. 미국인들의 입맛과 우리는 다른가? 아직도 값비쌌던 연어의 형편없던 맛을 떠올리면 입맛이 씁쓸하다. 그러나 국내에서 시판되는 수입 연어는 고소한 맛이 일품으로 초밥, 회덮밥, 구이 등으로 다양하게 즐길 수 있어서 오래전에 갖고 있던 연어에 대한 선입관을 불식시키기에 충분하다.

10

오징어: 소화흡수 좋고 비타민E 타우린 아연 풍부

1973년 8월 여름방학 중에 필자는 경희대학교 봉사단체인 삼태기회의 인솔자로 경상북도 울릉도 북면 천부초등학교에서 봉사활동을 한 일이 있었다. 그러나 정작 오징어 고장이라는 울릉도에서 오징어 배 선주의 이를 뽑아 주었더니 인사치레로 가지고 온 생물 오징어 한 축이 필자가 구경한 유일한 오징어다. 한국인은 오징어하면 울릉도가 떠오를 만큼 잘 알려져 있고 오징어가 그리 비싼 해산물이 아니었지만, 생산지임에도 도시에서 오징어를 살 때에 비해 가격이 만만치 않았다. 더구나 2010년대에 들어 안타깝게도 중국

어선이 동해까지 와서 오징어를 싹쓸이 해가므로 오징어 값이 금값이 되어 지금은 '서민들의 오징어'를 벗어 난지 오래다.

울릉도 오징어의 특징은 오래전부터 오징어를 건조 시 오징어 귀를 꿰뚫어서 덕장에서 말리기 때문에 다른 곳의 상품과 구별이 쉬워 나중에 우연히 건조 오징어에서 울릉도 오징어를 보고 반가워했던 기억이 있다.

오징어는 두족강, 초형아강, 십완상목에 속하는 해양생물로 영어로 squid, 일본어는 イカ, 烏賊 중국어로는 鱿鱼, 乌贼로 불린다. 학명은 살오징어목(Teuthida) A. Naef, 1916이다. 살오징어목은 십완상목에 속하며, 십완상목의 라틴어 학명 "Decapodiformes"는 그리스어로 "10개의 다리"를 의미하며, 한국어 명칭인 십완상목(十腕上目)은 10개의 팔을 의미한다.

설화에 따르면 오징어는 마치 죽은 시체처럼 수면에 이리저리 떠다니다가, 까마귀가 쪼아 먹으러 오면 바다 속으로 끌고 들어가 먹는다고 한다. 그래서 오징어의 어원 중 '오적어(烏賊魚)'라는 어원이 있다고 한다.

오징어는 두족류 십완목에 속하는 해양생물의 총칭으로, 문어와는 사촌뻘이지만 몸통이 좀 더 길쭉하고 다리가 10개다. 혈통으로 따지면 중생대에 번성했던 벨렘나이트의 직계 후손에 해당하며 암모나이트나 앵무조개와는 먼 친척이다. 오징어는 두족류 연체동물로 자웅이체이며 초여름에 교미하는데 길게 뻗은 두 다리가 변형되어 생식세포를 이송한다. 암컷은 체내에 알을 가지며 2~3개월 이후 산란한다. 크기는 한국에서 주로 잡히는 15~50cm 내외의 작은 종부터 멕시코 연안에서 포획되는 1.5~2m의 훔볼트 오징어도 존재한다.

오징어는 낙지와 더불어 체순환 심장(systemic heart) 1개와 아가미 심장(branchial heart) 2개 등 3개의 심장이 있으며, 거의 대부분의 종류가 발광소자를 가지고 있어 자체 발광한다. 감정에 따라 각각 다르게 발산하며 심지어 이것을 통한 각 개체 간의 통신이 가능한 것으로 알려져 있다. 또한 오징어는 좀 불리하다 싶으면 바로 먹물을 쏘고 도망가며, 10개의 다리 중 특히 기다란 2개의 다리가 사냥 도구로 쓰인다. 오징어 먹물을 요리재료로 쓰는 사람들도 적지 않은데, 가열하면 특유의 풍미를 내므로 별개의 식재료로도 이용되는데 특히 이탈리아 요리에서 많이 쓰인다.

두족류가 전체적으로 그렇지만, 오징어도 동양에서는 잘 먹지만 서양에서는 잘 안 먹는 종류다. 최근 들어 북유럽권도 중국계 식당과 인구 유입의 영향으로 오징어를 차츰 먹기 시작하고 있고, 영국의 경우 현지 슈퍼마켓 해산물 섹션에서 흔하게 취급하는 품목이다. 한편 이슬람이나 유대교에서는 아예 교리상 먹지 못하게 되어 있다. 그러나 그리스 사람들은 고대부터 이것을 좋아하기로 유명했다. 에게 해가 원래 오징어가 많이 사는 바다이기도 하거니와 가장 잡기 쉽기 때문이다.

특히 말린 오징어는 사실상 대한민국과 일본에서만 먹었다. 말린

오징어는 일어로 스루매(スルメ:鯣)라고 하는데 날 오징어는 이가(イカ:烏賊)라고 호칭을 달리한다. 말린 오징어는 특유의 비린내가 있으며, 서양사람들은 시체 썩는 냄새라고 하여 질색을 한다. 사실 말린 건어물 냄새는 전체적으로 비슷하다.

오징어 철이 되면 동해바다엔 빛을 보면 모이는 성질을 가진 오징어를 끌어들이기 위해 밝은 등을 단 오징어잡이 배들이 출몰한다. 이 불빛은 위성사진에서 보일 정도로 장관을 이루며 주로 낚시로 잡는데, 오징어 낚시 바늘은 바늘이 온 사방으로 박힌 플라스틱 봉으로 독특한 모양을 가지고 있다.

오징어는 우리나라에서는 친숙한 식재료로 요리법도 참으로 많이 퍼져있다. 회에서 시작하여 찜, 튀김(오징어 튀김), 무침, 볶음, 순대, 오삼불고기, 덮밥, 버터구이 등 활용도가 넓다. 말린 오징어는 단백질 변성 때문에 생물 오징어와는 또 다른 맛을 내기에 국거리로 쓰기도 한다.

그리고 덜 말린 반건조 오징어(피데기)로도 먹곤 하는데, 기존의 말린 오징어가 딱딱하고 건조한 반면, 상대적으로 수분이 많이 포함되어 부드럽기 때문에 식감이 좋다.

영양원으로서 오징어는 소화흡수가 좋은 고급 단백질 공급원 중 하나이며 비타민E, 타우린, 아연, DHA, EPA를 풍부하게 함유하여 성장기 아동, 학생이나 두뇌노동자에게 매우 좋은 음식이다.

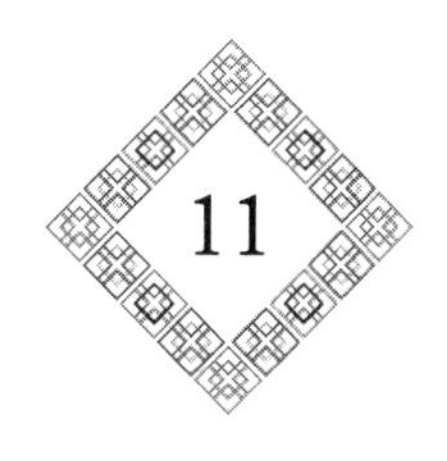

옥돔 : 칼로리 낮고 단백질 미네랄 성분 풍부

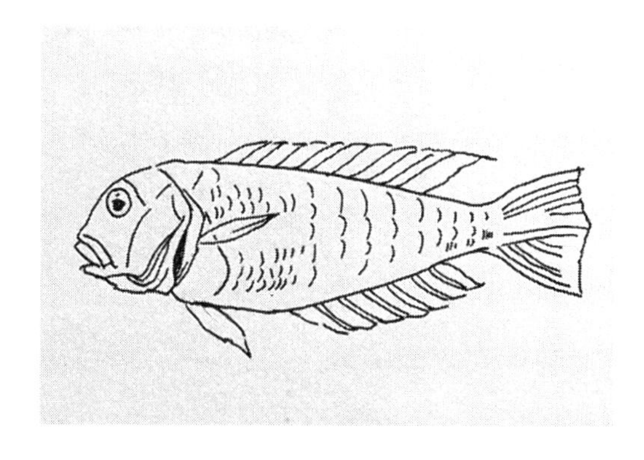

옥돔은 옥돔과의 물고기로 학명은 Branchiostegus japonicus Houttuyn, 1782로 되어있다. 몸길이는 2년생이 16~19cm, 5년생이 30cm 정도이고 최대 크기는 약 40cm이다. 입은 무디고 작으며 제주산 옥돔의 체색은 적색, 황색, 백색의 3종으로 몸빛이 전체적으로 적색이 진하여 붉은 바탕이고 머리가 황색이며, 몸빛깔은 선명한 붉은색이다. 머리와 등 쪽이 더 짙고 옆구리에 네댓 줄의 황적색 가로띠가 있는 것이 제주산 옥돔의 특징이다.

몸높이는 머리의 바로 뒷부분이 가장 높으며, 뒤로 갈수록 가늘어진다. 등의 윤곽선은 거의 직선이며, 옆줄은 몸의 옆면 가운데 위를 지나고 등의 윤곽선과 거의 평행하다. 몸은 비교적 큰 사각형의 타일모양의 비늘로 덮여 있다. 몸은 조금 납작하고 눈과 입은 많이 떨어져 있다. 그 모습이 마치 도미의 모습과 흡사하나 그렇다고 도미와 친척 관계인 도미과에 속하지는 않는다.

옥돔은 부화하여 얼마 동안은 동물성 플랑크톤을 먹지만, 성장하여 바다 밑바닥 생활로 들어가면 작은 물고기·새우·게·고둥·오징어 등을 먹는다. 수심은 40~60m 깊이의 바다 밑바닥에서 생활하며 모래에 몸을 반쯤 묻고 숨는 습성이 있다. 산란기는 9~11월이며, 장소는 연안에서 가까운 70~100m 깊이의 바닷속이다. 약 22만 개의 알을 낳으며 자라면서 성전환을 한다. 남해, 특히 제주도에 많으며 요즈음은 바다 수온의 변화로 동해에서도 서식하고 있다.

제주도에서는 옥돔만을 생선이라 부르고 다른 바닷고기는 고유 이름을 붙여 부를 만큼 생선 중의 생선으로 친다. 제주 연안에서 주로 잡히는 심해성 백신어(白身魚)인 옥돔과의 황색 옥돔은 살이 단단하면서도 지방이 적고 단백질이 풍부하여 맛이 담백하고 깊어 제주도 사람들은 가장 선호하고 귀하게 여긴다.

제주도 사람들은 정성이 중요한 제사 음식을 장만할 때는 집집마다 미리 옥돔을 장만해 두었을 만큼 제수로서 중시하였다. 무속(당제·굿)이나 유교식 제례 상에는 반드시 마른 옥돔을 구워서 진설하고, 때로는 생옥돔을 끓인 국(겡국)을 메와 함께 올리기도 한다.

옥돔은 한자어로 옥두어(玉頭魚)라고도 하며 머리의 이마가 튀어나와 옥을 닮았다 하여 붙여진 이름이다. 명칭은 지역마다 달라 오토미(대정), 솔내기, 솔라리, 솔라니(성산·우도), 오토미생성, 생성(한림), 바룻괴기(중문), 옥도미 등으로 불린다.

옥돔에 관한 역사서의 첫 기록으로는 ≪세종실록≫지리지(1452)의 제주목편 토공조(土貢條)에 나오는 '옥두어(玉頭魚)'가 있으며, 1577년(선조 11) 임진(林晋)이 제주목사로 재직할 당시 그의 아들 백호(白湖) 임제(林悌)가 1577년 11월 9일에 제주에 와서 약 4개월간 제주에 머물면서 기록한 일기체 기행문 ≪남명소승(南溟小乘)≫에 그 기록이 전해지고 있고, 그 외에도 1653년(효종 4)에 간행된 이원진의 ≪탐라지≫토산조(土産條)에도 옥두어가 등장한다. 이런 기록을 볼 때 일찍부터 제주인들이 먼 바다로 나가 옥돔을 어획했음을 알 수 있다.

그러나 옥돔이 제주도의 중요한 토산물임에도 불구하고 진상 물품에 자주 등장하지 않는 이유는 아마 생옥돔은 수분이 많고 사후 경직 기간이 짧아 운송 도중에 부패하기 쉬워 진정한 생옥돔의 맛을 즐길 수 없었기 때문일 것이다. 또한 건옥돔이 있었지만 조정에서 제수로 쓸 다른 생선(북어·조기·민어 등)이 많았고 이 맛에 더 익숙했기 때문일 것이다.

그러나 최근에는 제주도 특산품인 옥돔의 어획량이 점점 줄어 수산자원관리가 시급한 실정이다. 국립수산과학원 아열대수산연구센터(제주도 소재)는 지난 2007년 이후 제주 옥돔을 대상으로 매월 어획량, 산란 생태 등을 조사한 결과, 어획량은 줄어들고 자원상태는 나빠지고 있다고 한다. 옥돔의 전국 총생산량의 90% 이상이 제주 주변 해역에서 어획되는 데 1990년대 평균 1,947톤이었던 어획량이 2000년대에는 1,200여 톤으로 어획량이 감소했다고 하며 수요를 충족하기 위해 체장 25cm 이하의 어린새끼(미성어)의 어획 비율이 점점 높아지고 있다.

옥돔은 구이와 국으로도 먹는다. 제주도 현지 주민들, 혹은 육지 사람들은 주로 냉동 옥돔을 반찬 삼아 생선구이 형태로 많이 먹고 제삿날이나 생일날에는 미역국에 옥돔 살을 발라 넣어 먹기도 하며 옥돔 회는 사실 자주 먹지 못하는 귀한 음식으로 여겨진다.

옥돔은 단백질과 미네랄 성분이 풍부하여 성장기 어린이나 입맛을 잃은 노인들에게 특히 좋으며 칼로리가 낮아 다이어트에도 효과적이다. 옥돔은 뇌 기능도 향상시켜 주고 원기회복에도 도움을 주며 산후 몸조리에 특효가 있다 하여 제주에서는 미역을 넣고 끓인 생옥돔국이 여성들에게 인기가 높다.

지난 11월 중순 필자는 고교동문 치과의사들과 제주에 갔던 길에 제주시 동문 시장에 들러 옥돔을 한 무더기 사가지고 왔다. 상대적으로 값싼 수입산 옥돔이 대부분의 수산물 좌대를 차지하고 있었는데, 제주산 옥돔은 가격 면에서 고가이지만 맛에서는 비교가 되지 않을 정도로 우월하여 서울에 온 후 가족이 즐기는 모습에 꼬불쳐(?) 놓았던 비상금의 지출이 전혀 아깝지 않았었다.

웅어 : 익이마에 임금 王 표시 있어 忠漁로 불러

요즈음 '웅어'를 아는 사람이 많지 않다. 더구나 웅어의 맛을 음미해 본 사람은 더욱 귀하리라. 필자는 한국전쟁이 끝난 1950년대의 초등학교 시절을 초등학교 교장이시던 선친을 따라 경기도 김포에서 보내 그 시절 한강 변의 추억을 많이 간직하고 있다. 그 시절에는 한강이 오염되지 않아 추수가 끝난 가을, 논의 수로에 움막을 치고 넘쳐나는 참게를 잡았고, 봄이면 김포군 운양리 강변과 고양군 행주 나루에서도 황복이 흔히 잡혔고 봄에는 뱅어가 관개수로에도 하나 가득하여 어린 내가 고무신으로 퍼 담을 정도였다. 사오월이면 웅어가 행주 나루, 양천(지금의 가양동)까지 올라와 웅어철이 되면 약주를 즐기시던 선친이 선생님들과 웅어회에 약주를 드시고 얼큰해 오시던 기억을 간직하고 있다. 세월이 흘러 한강의 자연환경이 바뀌어 웅어, 황복, 뱅어, 그리도 흔하던 참게까지 다 기억 속으로 아스라이 사라져 아쉬움을 더할 뿐이다.

수년전 내자와 바람을 쏘이러 한강하류 대명리 포구에 간 일이 있었는데 어시장 좌판에 웅어가 자리하고 있는 것을 보고 어찌나 반가웠는지……. 지금도 사오월이면 한강하류에서 간간히 웅어가 나온단다. 지난 주말 대명포구 어시장에서 웅어를 보고 반가운 마음에 좌판의 웅어를 싹쓸이하여 집에 가지고 와서 웅어회를 뜨고, 회무침을 하여 가족들과 함께 예전의 추억을 떠올리며 마음이 풍족하였었다. 한강뿐 아니라 지금도 낙동강 영산강 금강 한강 하류에서는 예전에 비할 바는 아니지만 사오월에 웅어가 잡히고 낙동강 하류에서는 웅어축제까지 열리고 있어 사라져가는 기억 속의 옛 정취를 느낄 수 있다.

웅어는 좀 무른듯 하지만 달콤한 맛에 비린내가 없어 횟감으로는 일품이다. 회무침으로도 제격이나 구이나 물회는 웅어의 맛을 떨어뜨리는 듯해서인지 별로 접해 보지 못했다.

웅어는 청어목 멸치과 웅어속 어류로 우리나라에는 웅어와 싱어 2종이 있으며, 싱어는 모양은 웅어와 비슷하지만 좀 작고 더 희소하다. 웅어는 회유성 어류로 맛이 좋아 조선시대부터 진상품으로 임금님 수라상에 올랐다고 하며 뼈째 먹을 수 있다.

웅어는 위어(葦魚), 제어(鱭魚), 도어(魛魚)로 불리며 학명은 Coilia ectenes JORDAN et SEALE. 혹은 Coilia nasus로 불리나 국립수산과학원 연구에 의하면 이 두 종은 동종이명으로 지금은 Coilia nasus로 불리는 것이 타당하다고 한다.

웅어는 몸이 가늘고 길며 옆으로 납작하며 칼모양처럼 생겼다. 모양이 싱어(속칭 까나리)와 비슷하나 가슴지느러미가 길고 몸길이가 길다. 몸빛은 은백색이며 몸길이는 30cm까지 이른다.

웅어는 회유성 어류로 4~5월에 바다에서 강의 하류로 거슬러 올라와 갈대가 있는 곳에서 6~7월에 산란한다. 주둥이 위쪽에 긴 가시가 돌출해 있으며, 이동할 때는 이 가시를 뺨에 붙이고, 멈추어 쉴 때는 이 가시를 모래나 뻘에 박는데 배의 닻과 마찬가지 역할을 한다. 부화한 어린 물고기는 여름부터 가을까지 바다에 내려가서 겨울을 지내고 다음해에 성어가 되어 다시 산란장소에 나타난다. 산란은 세 번쯤 하며 마지막 산란을 하고 나면 죽는다. 어릴 때는 동물성 플랑크톤을 먹고 자라다 성어가 되면 어린 물고기를 잡아먹는다.

웅어는 성질이 급하여 그물에 걸리면 바로 죽어버리기 때문에 상하는 것을 막기 위하여 즉시 내장이나 머리를 떼어내고 얼음에 재여 놓는다. 회로 먹으면 살이 연하면서도 씹는 맛이 독특하고 지방질이 풍부하여 고소하며 가을 진미인 전어와 비교되는 봄의 진미로 4~5월이 제철이며 뼈째로 먹는다. 6~8월에도 잡히지만, 뼈가 억세어지고 살이 빠져 제 맛이 나지 않는다.

웅어는 강호(江湖)와 바다가 통하는 곳에 나며, 매년 4월에 소하(遡河 : 하천으로 거슬러 오름)하는데 한강의 행주(杏洲 : 지금의 幸州), 임진강의 동파탄(東坡灘) 상하류, 평양의 대동강에 가장 많고 4월이 지나면 없다고 하였다. ≪송남잡지(松南雜識)≫에는 "위어는 행주(幸州)에서만 나므로 지금 사옹원(司饔院)이 진상한다."고 하였다.

조선시대에는 웅어를 잡아 조정에 진상하던 위어소(葦魚所)라는 곳이 한강하류의 고양에 있었다. 지금도 통일로 변의 행주나루 일대에서 대를 이어 웅어 회집이 성행하고 있다.

≪난호어목지(蘭湖漁牧志)≫에는 ≪본초강목≫에 보이는 이름을 빌려 제어(鱭魚)라 하고, 한글로 '위어'라 하였으며, 그 속명을 위어(葦魚)라 하였고 ≪자산어보(玆山魚譜)≫에는 웅어를 도어(魛魚)라 하고 빛깔이 희고 맛이 좋아 회의 상품이라 하였다.

웅어는 ≪세종실록지리지≫의 토산조(土産條)에 이미 등장하고 있다. 경기도 양천현(陽川縣)(지금의 양천구 가양동)의 토산조(土産條)에는 양화도(楊花渡)에서 웅어가 나는 것으로 되어 있고, 그 밖의 지방에도 웅어가 토산에 들어 있는 곳이 있다. ≪신증동국여지승람≫에는 함경도와 강원도를 제외한 전 도에 웅어가 산출되는 것으로 되어 있다.

웅어는 우리나라 서.남해와 일본의 큐우슈우, 중국연안에도 넓게 분포하는 어류이다. 영명은 korea anchovy(한국의 멸치)로 불린다. 웅어는 지방에 따라 강경에서는 '우여', 의주에서는 '웅에', 해주에서는 '차나리', 충청도 등지에서는 '우어'라고 다양하게 불린다.

웅어는 맑은 물보다는 약간 흐린 물에 살고 중요한 담수어 자원의 하나이며 웅어의 이마에 임금 왕자 같은 선명한 표시를 볼 수 있다. 일설에 의하면 백제 의자왕도 웅어를 즐겨 들었는데 소정방이 백제 멸망 후에 그 소식을 듣고 금강하류의 웅어를 잡으러 사람을 보냈는데, 웅어가 자취를 감추었다고 하여 충어(忠漁)라고도 불린다는 전설같은 이야기가 전해오고 있다.

은어 : 향긋한 수박향 디스토마 기생충 오염 조심

광주 조선치대에 몸담고 있을 시절 치과대학 전 교직원이 참석하여 한여름에 치과대학 교수 연수회를 섬진강가인 압록에서 한 일이 있었다. 시원한 압록의 섬진강 물가의 평상에 앉아서 불어오는 바람을 맞으며 이 고장 특산인 은어 요리와 털게 매운탕에 곁들인 소주 한잔은 그야 말로 신선놀음이 부럽지 않았었다.

은어회는 향긋한 수박향이 나며 고소한 그 맛은 물론 거기에 튀김, 구이와 곁들인 털게 매운탕은 기가 막혔다. 사실 수박향이 나는 은어회의 맛은 익히 알고 있었으나 아무리 그 맛이 좋다 하더라도 눈 딱 감고 디스토마 유충이 우글거리는 회를 먹을 수는 없었다. 은어는 일급수에 살고 비늘이 없기 때문에 디스토마 유충이 붙을 수 없다고 감언이설로 유혹(?)하는 동물학 전공 정해만 교수의 말을 귓등으로 흘리며 은어 튀김과 구이를 씹으며 연거푸 소주잔을 비웠었다.

흔히 일급수에 사는 은어는 기생충이 없는 것으로 알고 있으나 사실은 우리나라에 서식하는 민물고기는 거의 전부가 디스토마에 오염 되어있으므로 특히 회는 조심하여야 하며 섭취시 반드시 익혀먹어야 한다. 날생선 요리를 선호하는 일본에서조차 은어는 날로 먹을 게 못된다며 굽거나 튀겨먹을 정도인데 몸 안에 장흡충의 일종인 요코가와흡충의 유충(metacercaria)이 바글바글해서 한 번 현미경으로 보고 나면 그 기억이 머리에 남아 있어 은어는 평생 못 먹을 수도 있다. 정 회로 먹고 싶다면 자연산보다는 사료를 먹여 키운 양식은어를 먹어야한다.

은어는 은어과에 속하는 유일한 어종인 민물고기로 극동지역에서만 산출되는 연어류에 가까운 어류로 우리나라와 일본, 대만에서부터 중국의 만주지방까지 분포한다. 은어는 하천 바닥이 자갈이나 모래로 된 맑은 물에 산다.

은어의 학명은 Plecoglossus altivelis TEMMINCK et SCHLEGEL이다. 몸은 가늘고 길며, 옆으로 납작[側扁]하고, 빛깔은 약간 어두운 청록색을 띤 회색이지만 배 쪽으로 갈수록 밝아진다. 연어과어류에 가깝지만 양악(兩顎)의 구조, 이의 형태 등 판이한 점이 많아 독립된 과(科)를 이룬다. 비늘은 잘고, 체측(體側)에 따라서 149~165개가 있다. 큰 것은 30cm 정도까지 자라지만 보통은 20cm 내외로 자란다. 수명은 1년이다. 분포지역은 우리나라를 비롯하여 일본·대만에서부터 중국의 만주 지방까지이다. 그러나 만주 지방에서는 압록강의 지류에만 있고, 송화강(松花江)에는 살지 않는다.

은어는 하천의 바닥이 자갈이나 모래로 된 맑은 물에서 여름철을 보내면서 성장하고, 가을이 되면 산란한다. 보통은 돌이나 자갈이 깔린 여울에서는 각 개체가 분산하여 그 표면에 자란 조류를 뜯어 먹고 살지만, 하천의 물이 깊게 된 소(沼)에서는 떼를 지어 살면서 곤충 등 작은 동물도 잡아먹는다.

여울진 곳에 사는 은어는 특히 각기 영역을 형성하여, 일정한 반경 안에서는 다른 은어가 들어오지 못하게 한다. 이 습성을 이용하여 은어를 낚는 방법이 있다. 즉, 낚싯줄에 은어를 한 마리 묶고, 그 근처에 여러 개의 낚시를 달아서 은어가 사는 여울진 물속을 끌고 가면 그곳에 있던 은어는 이 침입자를 몰아내기 위하여 덤벼들다가 낚시에 찔려서 낚여 올라오는 일이 있다.

은어는 4~5월경에 하구 가까운 바다에서 월동한 치어가 하천으로 올라와 상류로 향하면서 성장하고, 우리나라 밀양강에서는 9월경 산란을 시작한다. 자갈에 덮인 여울진 곳에서 산란하며, 산란 후 어미는 모두 죽는다.

산란기에 이른 은어의 수컷은 붉은 빛깔을 띤 아름다운 혼인색(婚姻色)을 나타내며, 산란 후는 검게 변하면서 죽는다. 산란수는 1만 개 내외이며, 수온 15~20℃ 때 14~20일 걸려서 부화한다. 부화한 어린 물고기는 하천의 수류를 따라 내려가서 내만이나 연안의 얕은 곳에서 겨울을 지낸다.

바다에서는 주로 동물성 플랑크톤을 먹고 자라며, 봄이 되면 몸길이가 7cm 정도로 되어 다시 하천으로 올라가 성장하는 1년생 어류이다. 그러나 가을이 되어도 산란하지 않고, 용천수가 나오는 곳 등에서 다시 겨울을 지내고 1년을 더 사는 것도 있다.

은어는 맛이 좋다고 알려져 있어 옛날부터 왕실의 진상품이 되어왔다고 하며, 또 최근에는 양식 대상 어류로 등장하고 있을 뿐 아니라, 인공채란과 치어(稚魚 : 알에서 깬 지 얼마 안 되는 어린 물고기) 육성에 의한 인공종묘 생산기술도 발달하고 있다.

잉어 : 높은 단백질 함유량과 오메가3 칼슘도 많아

잉어과(Cyprinidae) 잉어속(Cyprinus)에 속하는 민물고기로 鯉魚로 표기하며 영명은 Common Carp이고 학명은 Cyprinus carpio Linnaeus, 1758 이다.

잉어는 큰 것은 몸의 길이가 2m 이상 자라고 약간 옆으로 납작하며, 대개 등은 검푸르고 배는 누르스름하다. 주둥이는 둔하고 입가에 두 쌍의 수염이 있다. 풀이나 살아있는 물고기 등 아무거나 가리지 않고 잘 먹는 잡식인데다 몸집도 상당하여 대형 동물 외에는 천적이 없으며, 염분에도 상당 기간 생존할 수 있고 2급수 이하 더러운 물에서도 매우 잘 산다. 잉어는 수명이 대단히 긴 생물로 알려져 있으나 일반적으로는 30년을 넘기기 어렵고 20년을 평균으로 보고 있다.

본래는 유럽과 아시아 지역에서 서식하던 물고기였으나, 원래 서식하지 않았던 호주나 미국에서도 양식어종으로 유럽이나 아시아에서 들어온 잉어들이 야생으로 빠져나가 환경파괴와 생태계 교란 등의 문제를 일으키는 외래종으로 악명을 떨치고 있는 중이다.

잉어는 기원전 약 500년경의 중국 문헌인 양어경(養魚經)과 우리나라 문헌인 장경에 소개됐을 정도로 유래가 깊은 물고기다. 특히 조선시대에 귀한 보양식 중 하나였는데 궁궐에서는 왕의 수라상과 왕비의 임신, 왕세자의 건강을 위해 많이 달였다고 전한다.

잉어는 허준의 동의보감에서 물고기 중에서 가장 약으로 많이 사용하는 어종으로 기록되어 있으며 중국 ≪본초강목≫에는 이위어왕(鯉爲魚王)이라 하여 잉어를 민물고기의 왕으로 소개하였을 정도로 잉어의 영양성분과 효능이 뛰어났음을 엿볼 수 있다.

잉어에 대해서는 ≪동의보감(東醫寶鑑)≫, ≪난호어목지(蘭湖漁牧志)≫와 ≪전어지(佃漁志)≫ 등에는 '리어(鯉魚)'로 표기되어 있으며, 또한 동양화의 어해도(魚蟹圖)에도 잉어를 소재로 하는 그림이 많은데 이는 이어가 출세 또는 다산과 장수를 상징하기 때문이다. 또한 꿈에 잉어가 나타나면 재물, 명예, 출세, 예술 작품 등으로 해몽하기도 하며 잉어의 서식지인 물을 왕에 비유하고 그 물에 살고 있는 잉어를 신하에 비유하기도 하여, 물속의 잉어는 왕과 신하의 관계로 군신유의(君臣有義)를 의미하기도 한다.

사실 우리 조상들이 믿어 왔던 잉어의 상징성, 곧 다산·장수·남성·출세·신하 등은 잉어의 효능과 무관하지 않다. 즉 임산부의 건강 향상과 유즙(乳汁) 분비 촉진을 통한 다산, 성인병 예방과 치료를 통한 장수, 신하의 도리를 다하여 출세하는 남성으로 풀이한다면 무리는 아닐 듯싶다.

우리나라에서는 예부터 내려오던 신화의 물고기로 취급한다. 잉어는 민물용왕의 아들이자 대한민국 민물고기의 신화 및 전설이라고 알려져 있다. 파평 윤씨 본가와 분파에서는 시조 설화가 잉어와 관련되어 있고 위기에 처해 강가에 몰렸던 윤관을 잉어가 구해주었다는 설화가 전해 오고 있다.

일본에서는 잉어를 길한 생선으로 여기기 때문에 다양한 곳에서 볼 수 있는데 그중 하나가 잉어 깃발인 고이노보리(鯉のぼり)로 5월 5일 남자 어린이날인 단고노셋쿠(端午の節句)에 남자 아이의 출세와 건강을 위해 내걸리는 풍습이 있다.

반면 중국에서는 잉어가 꽤 고급 식재료로 쓰이는 물고기로 예로부터 민물고기 중에서 최고로 쳐서 대량으로 양식되고 또 다양한 조리법으로 소비되는 대표적 어종이다. 임산부에게 좋은 식품으로 꼽히는 것들 중 하나로 공자가 아내의 출산 당시 잉어를 고아먹이고 아들 이름을 잉어라 지었다.

잉어는 원양 어업, 수입 어종이 많지 않았던 과거에 아주 많이 먹던 생선이었으나 70년대 이후 근래에는 국내에서도 그리 즐겨 먹지는 않고 주로 보양식으로 먹는다. 맛을 중시하는 음식이라기보다는 약에 가깝다는 인식이 있어 주로 병자 보양식이나 임산부의 산후 조리용 음식으로 애용되었다. 잉어는 기생충 감염의 우려 때문에 회로 먹어서는 안 되고 고아 먹거나, 끓여서 매운탕으로 먹거나, 찜으로 해서 먹어야 한다.

고단백 식품으로 유명한 잉어는 농촌진흥청 식품성분표에 의하면 장어보다 약 121%, 소고기보다 약 110% 높은 단백질 함유량을 갖추고 있다. 또한 오메가3가 많고 칼슘도 고등어보다 약 192% 높아 성장기 어린이는 물론 나이 많은 어르신, 갱년기 여성의 건강 선물로도 좋다.

1991년 교환 교수로 미국의 Ann Arbor에 다녀온 일이 있다. 미국 Michigan 주는 호수의 주로, Michigan주에만 크고 작은 호수가 거의 1만 개가 있다고 하며, 오대호 중 Michigan 호수만 해도 그 크기가 우리나라 면적보다 넓은 담수호이니 우리에게는 그 크기를 상상하기가 쉽지 않다. 어느 초여름 금요일 오후 Michigan 대학 생물학과에 있던 송일 박사(연세대 생물학과 졸)의 제안으로 Ann Arbor 시내에서 얼마 떨어지지 않은 호수에서 낚시질을 하였는데, 그 곳 잉어가 멍청하기 그지없어서 식빵을 미끼로 조금 뜯어서 낚시 바늘에 끼워 담근 낚시에 잉어가 너무나 쉽게 줄줄이 낚여 나와서 진정한 낚시의 재미(?)는 느낄 수 없을 정도였었다. 우리나라에서의 잉어만을 생각하고 제법 큼직한 잉어를 한 마리 가지고 와서 필자가 묵던 Studio Apt에서 온갖 비린내를 풍기면서 매운탕을 끓였었는데 세상에 그리도 맛없는 잉어는 먹어본 일이 없어 처치에 곤욕을 치른 기억이 있다. 식재료조차도 '身土 不二'임을 절감하였다.

전갱이 : 특유의 감칠맛과 단맛으로 비린내 안나

전갱이는 농어목 전갱이과의 바닷물고기로 영어로는 'Jack mackerel'라고 하며 우리나라 남해안에서 많이 잡힌다. 방언으로는 정개이, 매가리, 각재기 라고 불리며 학명은 Trachurus japonicus Temminck & Schlegel, 1844이다.

일본어로는 아지(あじ)라고 하는데 한자(비릴삼, 비릴소)의 일본식 독음이다. 일본인들이 이 고기를 워낙 좋아해서 많은 일본인들이 왠지 기분 나쁜 의미 보다는 맛을 뜻하는 그리고 발음이 동일한 味

(아지)가 전갱이를 의미한다고 알고 있는 경우도 많고 우리나라에서도 많은 사람들이 아지로 알고 있다.

전갱이의 몸은 방추형으로 고등어와 비슷하게 생겼으며 등 쪽은 암녹색을 띠고 있고 배 부분은 은백색이다. 옆줄 부분에는 방패비늘(모비늘)이라고 하는 황백색의 특별한 비늘이 한 줄로 줄지어 있다. 난류성이며 우리나라에서는 봄여름에 걸쳐 떼를 지어 북쪽으로 이동하다가 가을에서 겨울철이면 남쪽바다로 내려온다. 산란기는 북쪽으로 갈수록 늦어지며 우리나라 주변 해역에서는 4~7월이 산란기로 2만개에서 12만개에 이르는 알을 낳는다. 알은 부화 후 1년이면 체장이 17cm에 이르며, 2년이면 23cm, 3년이면 27cm, 4년이면 30cm까지 자라며 어릴 때는 요각류 등 소형 플랑크톤을 먹다가 젓대우, 소형새우, 대형 플랑크톤 외에 작은 어류 오징어류를 포식한다. 우리나라 전 해역과 세계의 온대 해역에 분포한다. 봄부터 가을까지 포획된다.

등 푸른 생선하면 우선 생각나는 영양소가 DHA, EPA이다. DHA는 기억, 학습능력을 높이며 치매예방에 효과가 있음이 과학적으로 증명된바 있다. 전갱이에는 EPA, 비타민 B1, B2, B12 등이 풍부하게 함유되어 있어 특유의 감칠맛과 단맛을 내며 비린내가 거의 없다.

전갱이는 오래전부터 우리나라 사람들이 즐겨 먹은 생선은 아닌 듯하여 언제부터 먹기 시작하였는지 알 수 없지만 조선 후기에 이르러서야 전갱이에 관한 문헌을 찾을 수 있다.

김옥균이 신유사옥(1901년)에 연류되었을 때에 저술하였다는 책에서 전갱이 새끼를 이르는 방언이 기록 되어 있고, 1903년 갈생수량(葛生修亮)이 쓴 ≪한해통어지침(韓海通漁指針)≫에는 '전갱이는 남해안, 서해안과 동해안 남부에서 포획되는데 부산에서는 봄철 고등어 잡이 때에 많이 잡혔고 추자도 거문도 근해에서 음력 유월 상순부터 팔월 중순까지 횃불을 밝혀 유인하여 그물로 잡았다'고 기록되어 있다.

전갱이는 과거에 매우 흔하게 잡혔고 고등어는 물론이고 심지어는 청어보다 저렴했기 때문에 주로 서민의 밥상에 많이 올랐다. 기름기가 매우 많고 감칠맛이 좋다. 살은 아주 부드럽고 잔가시가 많지만 억세지 않아 먹기에 불편하지는 않다. 다만 고등어보다 부패가 빠르기 때문에 보존이 어려워 회로 먹기가 쉽지 않다. 해안가에 인접하지 않은 지역, 대표적으로 서울 및 기타 대도시권에서는 전갱이가 고등어보다 훨씬 비싸게 팔린다. 친척뻘인 고등어에 비해 비린내가 덜하기 때문에, 전갱이는 나름 고급 생선으로 인식된다.

일본에서는 회로도 먹고 초밥의 재료로 아주 중요하게 취급되는 편이다. 특히 시마아지라고 불리는 흑점줄전갱이는 고급 초밥집에서나 맛 볼 수 있는 귀한 재료이다.

전갱이를 가장 맛있게 먹는 방법은 소금구이이다. 일단 시장에서 전갱이를 구입할 때 소금을 뿌려온다. 이 상태에서 1~2시간 두었다가 그냥 구워도 맛있고 소금을 씻어낸 후 다시 천일염을 뿌려서 구워도 맛있다. 전갱이의 맛은 고등어에 비해서 조금 무른 편이면서 약간 흐물한 느낌을 주기도 하지만 감칠맛과 향은 고등어에 비해서 더 강한편이다.

간장조림이나 데리야끼 또한 전갱이의 풍미를 더욱 돋우는 요리법이다. 붉은 살 생선의 기름기와 흰살 생선의 담백함을 겸비한 전갱이는 양념을 통해 잡스런 뒷맛을 제어하는 것이 고등어에 비해 훨씬 수월하다.

터키와 그리스에서도 많이 먹는 생선으로 특히 이스탄불 앞바다는 전갱이로 가득하기 때문에 낚시꾼들이 이걸 낚는 모습을 흔히 볼 수 있다. 그곳에서는 전갱이를 손질하고, 밀가루를 살짝 묻혀서 튀긴 다음에 소금을 뿌리고, 레몬즙을 듬뿍 쳐서 먹는다.

필자의 초등학교 시절만 해도 전갱이가 참 흔한 생선으로 조림 구이 등으로 밥상에 자주 올랐었다. 얼마전 가락동 수산물 도매 시장에 갔더니 이제는 모습조차 가물가물한 전갱이가 좌판을 차지하고 있었다. 수십 년 만에 전갱이를 대하고 어찌나 반갑던지……. 즉시 한 무더기를 사와서 손질하여 구이로 밥상에 올렸다. 고소하고 비린내도 없는 감칠맛 나는 그 맛에 가족들이 환호하였다. 지난주에는 얼음에 재여 있는 신선한 전갱이를 보고 즉시 가지고 와서 손질하여 회를 떠서 달콤하면서도 연하고 입에 착착 감기는 그 맛에 온 가족이 행복하였다. 전갱이 회는 회중에서도 상급으로 치고 부패가 빠르기 때문에 회로 즐기기가 쉽지 않아 식도락가들의 입맛을 돋운다.

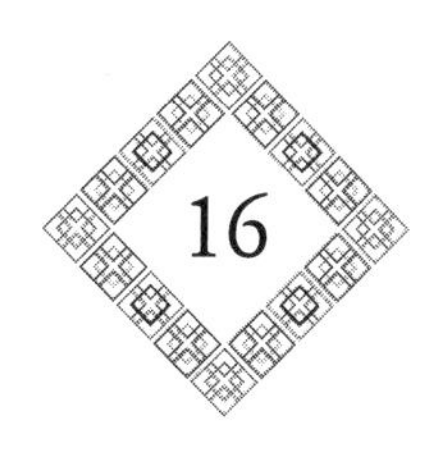

전복 : 씹을수록 달착지근하고 다시마 향기나

전복(全鰒)은 연체동물문(Mollusca), 복족강(Gastropoda), 원시복족목(Archaeogastropoda), 전복과(Haliotidae), 전복속(Haliotis)에 속하는 연체동물의 총칭으로 권패류(卷貝類 : 소라, 우렁이처럼 껍질에 둘둘 말린 조개의 총칭)에 속하며 귀조개라고도 하는데 영어로도 ear shell, abalone shell이라고 하며 당나귀 귀(ass ear, donkey ear)를 닮았다고 해서 유래된 이름으로 학명인 Haliotis도 바다의 귀를 의미한다.

전복은 몸길이가 20~30㎝이며, 모양은 긴 타원형이다. 전복은 넓적한 근육성 발이 있어 바위에 붙어 치설로 식물을 갉아 먹는다. 발은 크고 넓으며, 머리에는 한 쌍의 더듬이와 눈이 있다. 암수딴몸이지만 외부 생식기는 발달하지 못했다. 그러나 생식선(生殖腺)이 황백색인 것이 수컷이고 녹색인 것이 암컷이다.

암초가 많은 수역에서 서식하기 때문에 외해의 도서나 육지에서 가까운 암석이 튀어나온 수역으로 해수가 깨끗하고 먹이가 되는 갈조류가 많은 수심 20m 정도의 깊이에서 자란다.

자산어보(玆山漁譜)에 복어(鰒魚)라 하였고, 본초강목(本草綱目)에는 석결명(石決明)이라 하였고 九孔螺(아홉 개의 구멍이 있는 조개)라고도 쓴다. 껍데기의 모양은 대부분은 한 층으로 덮여있고 그 위에 구멍들이 줄지어 위로 솟아 있으며 나선 모양으로 감겨 있는 나머지 층은 다른 조개에 비해 매우 작고 뒤쪽으로 치우쳐 있다. 조개껍데기의 구멍들은 마지막의 4~5개를 제외하고 막혀있고, 열려 있는 구멍은 호흡과 물, 배설물을 내보내는 데 쓴다. 껍데기의 안쪽 면은 커다랗게 열려 있으며 매끈매끈하고 진주광택이 나서 공예품의 재료로 많이 쓰인다. 조갯살과 껍데기는 패각근이라는 강한 근육으로 이어져 있다. 조갯발은 크고 넓으며, 달팽이처럼 치설이 나있다. 머리에는 작지만 1쌍의 더듬이와 눈이 있다. 아가미도 1쌍이다.

전복에는 풍부한 단백질과 글루타민산, 로이신, 알긴산 등의 아미노산이 많이 함유되어 있어 독특한 단맛을 낸다. 특히 비타민 B1, B2가 많고 칼슘, 인, 미네랄도 많아서 간 기능 회복과 폐결핵의 특효약으로 쓰이고 있다. 발암을 억제하는 파오린을 함유하고 있어 약용으로도 애용되고 있다. 영양적으로 전복은 저지방(지방 함량 1% 미만) 고단백(13~15%) 식품으로 단백질을 구성하는 아미노산들 중엔 타우린 외에도 메티오닌, 시스테인 등 함황(含黃, 황 성분이 포함된) 아미노산이 포함되어 있다.

전복하면 제주도의 특산으로 오래전부터 조정의 진상품으로 요구 물량을 맞추기 위해서 해녀들이 반복적인 물질을 할 수밖에 없었던 애환이 서린 역사가 전해진다. 전 세계에 서식하는 100여종 중 우리나라에는 참전복, 까막전복, 시볼트전복, 말전복, 오분자기 등의 5종이 자연에 서식한다. 현재에는 양식기술이 발달하여 동해안과 남해안에 걸쳐서 전복 양식이 활발하여 연간 약 8000톤이 생산되며 전복의 생산지가 전라남도에 집중되어 있고 대부분이 완도에서 양식되고 있다.

전복은 식용은 물론 진주의 양식에도 쓰이며 껍질은 자개 공예에 이용된다. 한국의 나전칠기는 세계적으로도 자랑할 수 있는 문화유산으로 그야 말로 전복은 버릴 것이 없다. 2006년 교환교수로 미국에 Maryland 치대에 가 있는 동안 가족과 남북 전쟁이 최대 격전지인 Gettysburg와 근처의 Eisenhower farm에 가 보았다. Eisenhower house에 보관된 자개탁자가 눈에 띄었는데, 한글로 이승만 대통령이 Eisenhower에 대한 감사의 말이 자개로 새겨져 있는 나전칠기이었다. 안내인의 요청으로 관람객들에게 탁자에 새겨진 한글의 의미와 나전칠기에 대해서 설명했던 기억이 난다.

전복의 가격은 자연산은 엄청나게 비싸고 양식산조차 만만치 않아 맛을 즐기기가 쉽지 않다. 이러한 개념에 길들여진 미국의 한국인 이민자들이 California 해변에 즐비한 전복을 그냥 놔둘리 만무(?)하여 싹쓸이 하는 솜씨를 그곳에서도 유감없이 발휘하였었다.

San Francisco 북쪽 바닷가 Mendocino에서 전복 62마리를 잡은 한인 4명이 8만 달러의 벌금과 45일 감옥살이를 했다고 한다. 20여 년 전만 하더라도 L.A. 한인 타운에서 30분 거리의 바다 속에서 전복을 잡을 수가 있었는데 지금은 구경도 하기 힘들고 이제는 주정부의 엄격한 제재를 받고 있으며 전복은 한 사람이 하루에 4마리까지만 잡을 수가 있다.

전복 요리로는 우선 회, 구이, 찜 , 전복죽, 내장젓, 말린 전복 등으로 먹는 방법이 다양하다. 회는 씹을 때 오돌오돌하며 씹을수록 달착지근하면서도 다시마 향이 나는 것이 일품이며, 찜으로는 일본식 전복 술찜인 무시아와비가 유명하다. 그중에서도 전복죽이 서민들에게 가장 잘 알려져 있다.

전복내장은 밥으로, 죽으로, 날로……. 즐기는 방법이 다양한데, 싱싱한 전복내장은 양념장, 특히 간장과 먹으면 그 풍미가 대단하다. 또한 전복내장으로 만든 젓갈은 젓갈 중 최고로 치며 맛 또한 기가 막혀 먹어본 사람만이 알며, 가격 또한 만만치 않아서 서민이 즐기기에는 부담이 가는 음식이다 .

오래전 치과대학 본과 2년 때 설악산 오색에서 진료 봉사 활동을 하고 낙산사 해변에서 며칠을 보냈었다. 해변에 허름한 집에서 연로하신 할머님이 전복죽을 전문으로 하는 곳이 있었는데 그곳의 전복죽 맛은 가히 내가 지금까지 먹어본 것 중 최고의 맛이었었다. 그 집의 전복죽 맛은 그 시절 설악을 찾았던 친구들 사이에서도 오래도록 회자되곤 하였다. 후에 그곳을 다시 찾았지만 개발의 바람으로 흔적도 없이 사라져 그 맛은 찾을 수가 없었다.

전복은 서민이 접하기 쉽지 않으며 맛은 기가 막힌 그야 말로 꿈의 식재료다.

주꾸미 : 초봄에 잡아 삶으면 머리에 흰 살 가득

주꾸미는 문어과(Octopodidae), 주꾸미속(Amphioctopus)에 속하는 연체동물의 하나로 쭈꾸미, 죽거미, 쯔그미, 금테문어 등으로 불리며 학명은 Amphioctopus fangsiao d'Orbigny, 1839이다. 흔히 쭈꾸미로 많이 쓰지만 한글 맞춤법에서는 '주꾸미'만을 표준어로 인정하고 있다.

주꾸미의 생김새는 낙지와 비슷하지만 크기는 훨씬 더 작다. 셋째 다리가 시작되는 부분에 황금색의 고리가 있어 낙지와 쉽게 구분이 가능하다. 전장은 큰 것이 약 30cm 정도로 문어과의 종으로서는 작은 편이다. 몸통 색은 회자색·황갈색·흑갈색 등으로 변이가 심하나, 대체로 회자색이다. 머리의 너비는 몸통의 너비보다 좁고, 두 눈은 등 쪽으로 돌출하고 각 눈의 윗부분에는 2개씩의 뚜렷한 육질 돌기가 나 있다.

눈 근처인 제3다리의 기부 양쪽에는 각각 한 개씩의 황금색의 눈 모양 무늬가 있다. 8개의 다리는 거의 가지런하지만 제1다리가 가장 길다. 각 다리의 빨판은 2줄로 배열한다. 수컷에서 왼쪽 제3다리는 교접기로 변하였다.

연안에서 서식하는 저서성이고 야행성인 종이며, 보통 바위 구멍이나 바위틈에 숨는다. 산란기는 10~3월이며, 얕은 바다의 굴이나 해조, 빈 조개껍데기 속에 산란한다. 부화기간은 40~45일이다.

주꾸미는 우리나라의 서해안과 남해안, 일본·중국·인도·태평양 연안에 분포한다. 피뿔고둥 따위의 큰 고둥류의 껍데기로 주꾸미 단지를 만들어 연해의 바닥에 집어넣어서 잠입한 것을 잡는다.

≪자산어보≫에서는 한자어로 준어, 속명을 죽금어(竹今魚)라 하고, "크기는 4~5치에 지나지 않고 모양은 문어와 비슷하나 다리가 짧고 몸이 겨우 문어의 반 정도이다."라고 기재하였고, ≪난호어목지≫와 ≪전어지≫에서는 한자어로 망조어(望潮魚), 우리말로 죽근이라 하고, "모양이 문어와 같으면서 작다. 몸통은 1~2치이고 발은 길이가 몸통의 배이다. 초봄에 잡아서 삶으면 머릿속에 흰 살이 가

득 차 있는데 살 알갱이들이 찐 밥 같기 때문에 일본사람들이 반초라 한다. 3월 이후에는 주꾸미가 여위고 밥이 없다."라고 기술하였다.

3월에 먹는 주꾸미는 이 부위 속에 투명하고 맑은 색의 알이 들어 있는데, 이를 삶으면 내용물이 마치 밥알과 같이 익어 별미로 친다. 따라서 주로 봄, 특히 산란기(4~5월) 직전인 3월을 제철로 치는 음식이다. 주꾸미의 이런 특성 탓에 밥알 문어라는 이름으로 부르기도 한다. 내장과 먹통을 제거한 후 끓는 물에 살짝 데쳐 통째로 먹는다. 문어나 오징어에 비해 육질이 매우 부드럽고 감칠맛도 한결 깊다.

주꾸미 관련 축제로는 충청남도 서천의 동백꽃·주꾸미 축제, 무창포 주꾸미·도다리 축제 등이 있다. 모두 3~4월경에 열린다.

산란기를 포함한 연중 조업과 어린 새끼까지 마구 잡아들이는 낚시꾼들의 남획으로 인해 해마다 주꾸미 어획량이 급격히 줄어들고 있다고 한다. 실제로 2015년에는 서, 남해안 주꾸미 어획량이 2천 톤에 그쳤는데, 이는 4년 전인 2011년에 비해 1천 톤 이상이 줄어든 정도라고 한다.

이렇듯 갈수록 어획량이 줄어들어 당국에서도 해상 부화장을 만들어 주꾸미 종묘를 생산하여 치어를 방류하는 한편 금어기 지정 및 주꾸미 낚시용 어구 개수 규제 등의 대책을 고심 중이라고 하지만, 주꾸미 종자 생산도 아직까지는 초기 단계에 머물러 있는 실정이다.

이미 언론의 보도로 잘 알려진 사실이지만 주꾸미가 해저에 가라앉은 고려, 조선 시대 유물 발굴에 한몫을 하기도 했다. 실제로 고려청자 등 2만여 점의 유물이 실린 '태안선'의 존재도 주꾸미 발에 붙어서 딸려 나왔던 청자 파편의 덕분에 세상에 알려지게 되었다.

주꾸미에는 낙지나 꼴뚜기보다 많은, 100g 당 1305mg의 타우린이 포함되어 있어 영양학적으로도 우수한 식품이며 연하며 찰진 맛조차 일품으로 식도락가의 입맛을 돋우고 있다.

주꾸미는 주꾸미 볶음, 주꾸미 샤브샤브 등의 요리가 있으며 신선한 생 주꾸미에서만 한정으로 먹을 수 있는 먹물 볶음밥은 이태리 요리의 별미로 손꼽히고 있다.

얼마 전 가락동 농수산 시장의 수산물 공판장에 갔더니 제철 맞은 싱싱한 알밴 주꾸미 기 좌판을 차지하고 있었다. 냉큼 한 무더기를 사가지고 와서 손질하여 끓는 물에 살짝 데쳐서 초고추장에 찍어 전 가족이 포식 하였다. 주꾸미를 데쳐낸 물에는 칼국수를 삶아서 먹는 맛이란 그 어떤 맛에 비할 바가 아니었다. 손질한 주꾸미는 매콤 새콤하게 무쳐도 좋고, 얼큰하게 볶아서 소주 한 잔을 곁들이면 신선놀음이 부럽지 않다.

짱뚱이 : 쇠고기보다 높은 단백질 담백한 보양식

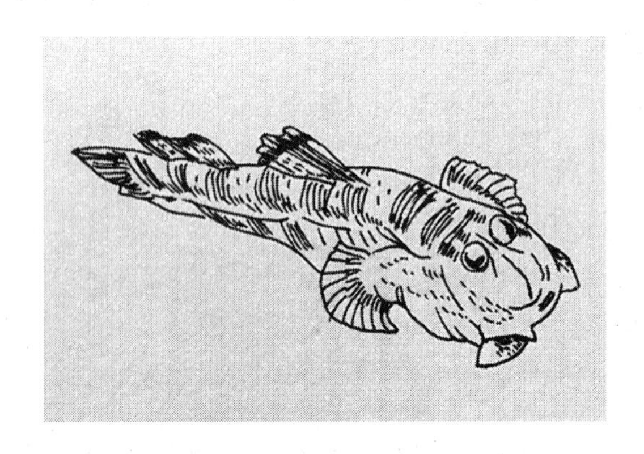

오래전 광주 조선치대에 몸담고 있을 시절 학교 근처 학동의 가정식 백반집을 자주 갔었다. 점심시간 중이라도 손님이 없어 이래가지고 장사가 될까? 하는 정도로 쓸 데 없는 걱정이 들게 하는 집이었다. 그러나 순박한 아주머니의 정갈한 밑반찬과 조용한 분위기가 좋았다. 하루는 아주머니가 순천만에서 막 잡아온 짱뚱어가 있다고 해서 별 기대 없이 먹어보니 노란 겨자옷을 입힌 튀김의 맛이 기가 막혔고 된장에 부추를 넣어 얼큰하게 끓인 탕조차 비린내도 안나고 구수하여 추어탕에 비할 바가 아니었다. 사실 그전까지만 해도 짱뚱어를 몇 차례 먹어보긴 했지만 별로 관심이 없이 지냈었다. 그 후로 필자는 짱뚱어의 맛에 매료되어 동호인(?)이 되었음은 물론이다.

얼마 전 모 TV에서 남해안 득량만의 갯벌생태를 방영한 일이 있었는데, 나이 지긋한 촌로가 뻘배를 밀고 다니며 갯벌에 기어다니는 짱뚱어를 낚싯바늘 4개를 동서남북 네 방향에 갈고리와 같이 대고, 납을 녹여 붙인 낚싯바늘과 긴 낚싯대를 이용해 훌치기낚시로 마치 사냥하듯 미끼도 없이 눈깜짝하는 사이에 짱뚱어를 낚아채어 불과 몇 시간 만에 바구니에 수북하게 잡아내는 그 솜씨는 가히 묘기 대행진에 나가도 될 정도로 신기에 가까웠다.

짱뚱어는 Pond skipper, mutsugorō(ムツゴロウ)로 학명이 Boleophthalmus pectinirostris 로 농어목(Perciformes) 망둑어과(Gobiidae)에 속하며 짱동이, 장등어로 불린다. 몸은 원통형으로 전체적으로 흑록색을 띠며 깨알 같은 흰색의 작은 점이 산재한다. 눈은 작고 머리 꼭대기에 돌출되어 있으며 가슴지느러미 기부에 두터운 살이 있어 펄 바닥을 기어 다니는 데 이용한다.

짱뚱어는 물이 괴어 있는 조간대의 갯벌에 구멍을 파고 살며, 규조류와 동물플랑크톤을 주로 먹으며, 산란기는 6~8월이다. 우리 나라 서해와 남해 서부 갯벌, 일본 큐슈, 대만, 남중국해 연안에 분포하며 크기는 18㎝ 전후이다. 우리나라 남해안의 갯벌 대부분에 짱뚱이가 분포하지만 2004년 국립수산과학원 남해수산연구소에서 조사한 바에 따르면 국내 연구 대상 갯벌 중에 신안군 증도면 우전리(1㎡에 0.19마리)가 짱뚱어 최대 서식지로 밝혀진 바 있다.

짱뚱어는 갯벌의 오염물질이 햇빛에 의해 일차적으로 분해되는 과정에서 생긴 유기물이나 미생물 등을 섭취하며, 갯벌이 조금만 오염돼도 살지 못하고, 증도 갯벌처럼 우수한 청정갯벌에서만 정착생활을 하면서 살아가기 때문에 짱뚱어의 서식처는 흔치 않아 해양오염도를 측정하는 연안 갯벌 생태계의 지표종으로 활용되고 있다. 펄 성분 90% 이상, 수분 함유율 30% 이상인 갯벌에서 한 마리가 여러 개의 구멍을 파놓고 드나들면서 펄 속 깊이까지 산소를 공급해주는 대표적인 물고기다.

고문헌의 기록으로 1801년 정약전(丁若銓)의 자산어보(玆山魚譜)에 짱뚱어를 철목어(凸目魚)라 하고 속명은 장동어(長同魚)라 했으며, 조선후기 서유구(徐有榘, 1764~1845)가 쓴 난호어목지(蘭湖漁牧志)에는 눈이 위로 툭 튀어나와 멀리 바라보려고 애쓰는 것 같아서 망동어(望瞳魚)라 했으며, 또 임원십육지(林園十六志) 전어지(佃漁志)에는 탄도어(彈塗魚)라 적고, 한글로는 장뚜이라 불렀는데 진흙(갯벌) 위를 미끄러지듯 달리거나 뛰어오르는 모습을 표현한 것이다.

짱뚱어는 물속에서는 아가미 호흡을 하며, 허파가 없어도 물 밖에서 장시간 견딜 수 있는데, 이는 목구멍 안쪽에 잘 발달한 실핏줄을 통해 공기를 호흡하고 체표로 산소를 통과시켜 피부호흡을 하기 때문이며 짱뚱어는 초식성이기 때문에 육식을 전혀 하지 않고 동식물성 플랑크톤이나 갯벌을 훑어서 개흙 표면에 사는 돌말류(규조류) 또는 펄 갯벌에 내려앉은 유기물을 가늘고 미세한 이로 갉아 먹는다.

그래서 짱뚱어가 사는 갯벌 위는 잇자국이 수두룩하게 남아 있으며 겨울에는 굴 안에서 아무것도 먹지 않는다. 게 중에는 칠게와 가장 밀접하게 지내는데 그 이유는 칠게의 집을 자기 집으로 찜해 놓고, 정작 주인인 칠게가 나타나면 지느러미를 최대한 치켜세워 한바탕 결투 끝에 쉽게 칠게를 물리쳐 그곳에 입주하여 칠게 집을 이용해서 끝이 뭉툭한 주둥이로 약 50~90cm가량 굴을 파고 들어가 2~3개의 구멍을 Y자 모양으로 서로 연결해 유사시 대피할 수 있는 탈출구를 만들어 놓고 산다.

짱뚱어는 정갈한 갯벌에서 일광욕을 즐기며 살아가는 생물인 만큼 비린내가 없고 하늘을 향해 치솟는 힘과 민첩함까지 겸비하고 있어 몸은 작지만 작은 물개라 불릴 정도로 힘이 좋다. 이러한 이유로 짱뚱어탕은 건강식으로 손꼽히고 있다. 짱뚱어탕은 추어탕과 요리법이 비슷하며 바다 생선이지만 쇠고기보다 높은 단백질 함량은 물론 각종 미네랄 성분이 풍부한 갯벌 덕에 고소하고 담백해서 맛 좋은 고단백 보양 식품으로 알려졌다. 그러나 짱뚱어는 인공양식도 어렵고 오염이 되지 않는 청정 갯벌에서만 살 수 있으나 점점 심해오는 해양 오염에 따라 그 개체 수가 현저히 감소하고 있다는 안타까운 소식이 전해진다.

짱뚱어탕 맛의 비결은 내장 속에 들어 있는 자그마한 애(간)에 있는데, 짱뚱어가 죽은 후 시간이 지나면 애가 녹아버리기 때문에 살아 있는 짱뚱어를 요리해야 감칠맛을 제대로 느낄 수 있으며, 애를 버리면 탕 맛이 나지 않는다. 짱뚱어가 클수록 맛이 더 좋고 한 번 삶아서 뼈를 채에 곱게 거른 후에 마치 추어탕을 끓이듯이 들깻가루와 된장과 쑥갓 등 양념을 넣어 얼큰한 맛으로 마무리하거나 우거지와 갖은 양념을 넣고 된장을 풀어 한약처럼 5시간 이상 푹 고아야만 제 맛이 난다. 머리와 꼬리를 제거한 짱뚱어 회 또한 별미로 알려져 있다.

참치 : 기름지고 고소하며 부드러운 맛 가득

참치(tuna)는 고등어과의 다랑어족에 속하는 어류들의 총칭으로 흔히 다랭이 또는 참치라고도 하며 학명은 Tuna Thunnini Starks, 1910이다.

다랑어는 분포 수역에 따라 열대성, 온대성, 연안성으로 나뉘는데 그 중 온대성 다랑어인 참다랑어는 최대 몸길이 6m, 몸무게 약 2톤까지 성장하며 2톤을 넘는 참치는 특물로 거래된다. 등 쪽의 짙은 푸른색과 중앙과 배쪽 은회색 바탕에 흰색 가로띠와 둥근 무늬를 가지고 있다. 대만 근해에서는 4~6월, 한국 동해에서는 8월에 산란하며, 태평양·대서양·인도양의 열대·온대·아한대 해역의 표층수역에서 서식한다.

참치라는 이름의 기원은 정문기의 ≪물고기의 세계(1974)≫에 따르면 "해방 후 해무청(海務廳) 어획담당관이 당시 참치가 동해안의 사투리라는 사실을 모르고 보고서에 기록함으로써 시작되었다."고 적혀 있다. 그러나 한국 최초로 남태평양으로 참치 잡이를 나섰던 지남호의 3등 항해사로 훗날 동원그룹의 회장인 김재철이 처음으로 참치라는 이름을 지었다고 기술하였다. 원래 다랑어란 이름 자체도 해방 이후 한국이 최초로 원양어업에 성공하여 새치를 잡아왔는데 적당한 물고기 이름이 없었고 새치의 줄무늬를 보고 다랑논과 비슷하다는 생각에 다랑어란 단어가 만들어 졌다고 한다. 현재는 다랑어라는 원래의 이름을 참치가 잠식하여 쓰이고 있다.

참치는 맛이 닭고기와 비슷하다고 해서 바다 치킨(sea chicken)이라고도 부른다. 참치는 부위와 종류에 따라 회, 볶음, 조림, 무침, 튀김, 구이 등 다양한 조리법이 개발되었지만 그중에서도 참다랑어의 회가 인기가 있으며 특히 일본사람들의 참치회에 대한 애정은 상상을 초월한다.

다랑어(참치)는 부산 동삼동에서 발견된 선사시대(先史時代)의 패총(貝塚)에서 각종 물고기의 뼈와 함께 출토된 것으로 미루어 이미 오래전부터 한반도 해역에서도 어획(漁獲)이 일찍부터 이루어졌음을 알 수 있다. 최근 수년간 부산 서구 남부민동 부산공동어시장에서는 110~160cm급 대형 참다랑어(참치) 경매가 수시로 열리는데 아열대성 어류인 참다랑어가 근해에서 잡히는 이유는 온난화에 따른 해수온도 상승 때문이며 국립수산과학원 등에 따르면 수년간 남해에는 참다랑어 어장이 폭 넓게 형성되어 연안 참치 잡이 어획고가 증가되는 추세에 있다고 한다.

우리나라의 원양어업 참치 잡이 역사는 1957년 지남호의 첫 출항을 시작으로 올해 60주년에 달한다. 최초의 참치 잡이 어선인 지남호는 1957년 8월 14일 인도양 니코발아일랜드 해역에 도착해 광복절인 8월 15일 오전 5시 역사적인 첫 참치연승어업을 시작했고 부산에 돌아온 후 공수된 참치를 경무대에서 본 이승만 대통령이 크게 기뻐하며 참치를 해체하여 당시 서울에 거주하는 외교사절들에게 선물한 것으로 보도되었다.

그 후 원양 참치 잡이에 눈을 돌려 1966년 아프리카 대서양의 라스팔마스에 한국수산개발공사의 원양어업 전진기지가 세워져서 대서양 공략에 나섰다. 인구 30만 명인 그곳은 1970년대 한때 한인 1만 5000명의 생사고락 현장이었고 그들이 보내온 돈은 조국 산업화의 밑거름이 됐다. 그곳 라스팔마스의 한 공동묘지엔 대서양에서 조업하다 숨진 선원 124명의 유해가 안치된 위령탑이 있다. 2011년 당시 한국 총수출 액이 2억5030만 달러였는데 그중 수산물 수출이 4200만 달러로 전체의 17%로 당시 2011년 우리 수출에서 반도체(9%)와 자동차(8%)가 차지하는 비중이 17%인 점을 감안하면 1960년대 수산업의 위상을 짐작할 수 있다.

사실 참치 잡이 국제기구에서는 어족고갈에 대한 우려의 목소리가 높아가고 규제의 움직임이 있으나 이들을 잡으려는 어선의 수는 세계적으로 계속 증가하는 추세이다.

참치는 포획 즉시 냉동(冷凍) 처리하는데 특히 횟감용 참치는 품질이 가장 중요하므로 엄격한 품질관리를 하여 빠른 시간에 영하 60도 이하에서 동결처리 및 보관하며 우리나라의 품질관리 수준은 참치의 종주국인 일본과 대등한 세계 최고이다.

요즈음 필자는 여러 참치 공급업체 중 백경수산에서 냉동 배달된 참치의 다양한 부위중 특히 최고로 치는 참다랑어의 가마살, 대뱃살(오로로)등을, 전문 주방장의 회뜨는 솜씨에는 비교가 안 되는 도끼로 장작 패는 수준이겠지만 그래도 주방보조(?)의 조력 하에 맵시있게(?) 썰어 가족과 함께 자주 즐기고 있다. 참치의 부위에 따라 다르지만 약간 기름지고 고소하면서도 씹을 것도 없이 입 안 가득 퍼지는 그 맛은 다른 것과 비할 바 없다. 고객의 성원에 힘입어(?) 다양한 회 칼과 회에 관련된 주방기기 일체를 준비하고 오늘도 주방보조의 잔소리는 귓등으로 흘리며 요리 실력을 과시(?)하고 있다.

한국은 참치 원양 어획량에 있어 2010년 한 해 동안 한국 선망어선의 어획량은 27만 8,227 톤에 이르러 세계 2위를 차지하고 있으며 이중 2009년을 기준으로 한국 업체의 총 어획량 중 95% 이상을 태평양에서 잡아들이고 있다. 한국인의 참치 소비량은 아시아 최고 수준으로 1인당 연간 참치 통조림 소비량은 1킬로그램(약 5캔), 연간 총 소비량은 약 2억 6,000만 캔에 달한다. 또한 국내 참치통조림

시장은 3대 기업(동원F&B, 사조해표, 오뚝이)이 95%가 넘는 점유율을 차지하고 있다. 1991년 필자가 교환 교수로 미국 Michigan의 Ann Arbor에 갔을 때 미국의 내로라하는 Super market에서 한자리를 차지하고 있는 국산 참치 캔을 보고 몹시 반가웠던 기억이 난다.

최근 바다 참치에 함유된 중금속 수은을 둘러싸고 참치 캔의 유해성 논란이 불거진 바 있었다. 정상희 교수는 가다랑어가 주로 들어가는 국산 참치 캔의 수은 함량은 평균 1kg당 0.03mg으로 다른 다랑어류에 비해 훨씬 적고, 일반어류인 고등어·갈치와 비슷한 수준이라고 밝혔다. 따라서 수은에 가장 취약한 임산부나 어린이라도 국산 참치 캔만 섭취한다고 가정할 경우 그 유해성을 우려할 정도는 아니라고 보고 하였다.

키조개 : 필수 아미노산 철분 많아 빈혈 예방

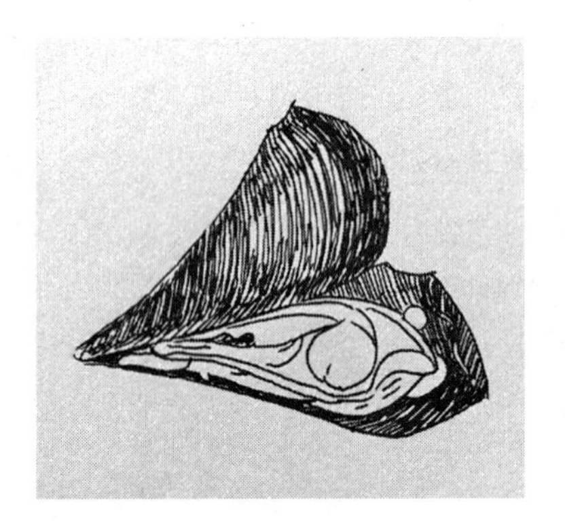

옛 속담에 "조개부전 이 맞듯 한다."는 말이 전해온다. 이는 맨손으로 살아 있는 조개 입을 여는 것은 힘이 장사라도 어림없다는 것에서 유래된 속담이다. 이는 다름 아닌 두 조가비를 꽉 붙잡고 있던 단단하고 질깃한 힘살, 폐각근(閉殼筋, adductor muscle) 때문이다. 조개껍데기 틈새에 날선 칼을 집어넣어 자르거나, 굽고 삶아 힘이 부치거나 빠지지 않으면 절대로 조개의 입은 열리지 않는다. 그래서 아무리 다그쳐도 묵묵부답일 때를 가리켜 "조개 입 닫듯 한다."고 회자된다.

조개껍데기 두 장을 꽉 붙들어 매는 것이 폐각근이고 숨쉬기 위해 살짝 여는 것이 인대인데, 둘은 서로 반대로 길항작용을 한다. 인대는 조개껍데기 바깥, 위쪽에 작은 초승달을 닮은 돌기를 말한다. 그런데 조개 중 폐각근이 엄청나게 커서 본체인 내장이나 다른 부속기관을 무시(?)하는 듯한 형상을 가진 조개가 있으니, 바로 키조개(Atrina pectinata)로 곡식을 까불러 고르는 데에 쓰이는, 앞은 넓고 평평하며, 뒤는 좁고 우긋하게 고리버들을 엮어 만든 키를 닮았다고 해서 붙은 이름이다. 예전에 어린아이들이 더러 이불에 실례를 하면 머리에 뒤집어쓰고 소금을 얻으러 갔었던 바로 그 키(챙이)다.

키조개는 연체동물 중에서 껍데기가 두 장인 이매패류로, 자웅이체이며 난생하고, 산란기의 암컷 살(생식소)은 적갈색이고 수컷은 노란색이다. 각장(殼長) 145밀리미터, 각고(殼高) 250~300밀리미터, 각폭(殼幅) 100밀리미터 남짓한 대형 종으로 뾰족한 각정(殼頂)에서 폭이 점점 넓게 퍼져 전체적으로 긴 직삼각형에 가까운 모양이고, 두 껍데기가 서로 달라붙어 있는 등 쪽 가장자리(배연)는 직선이다.

키조개는 우리나라 남해안과 서해안에서 서식하며, 내해나 내만의 조간대에서부터 자그마치 30~50미터 깊이의 모래 섞인 진흙 밭에 마구 각정부를 푹 박고 잔뜩 몰려 군서한다. 주산지 중의 한 곳이 충남 보령, 오천이고, 잠수부들이 깊은 물속에 들어가 손으로 잡는데 산란 시기인 7~8월은 되도록 잡는 것을 삼간다. 세계적으로 분포하는 종으로 인도, 태평양, 동인도, 필리핀, 남동중국해, 홍콩, 대만, 일본 등지에 널리 서식한다.

조개에 따라서 전폐각근과 후폐각근의 발육 정도와 크기와 위치는 조개마다 제각각이다. 키조개는 아주 작아진 전폐각근이 각정 가까이에 있고 후폐각근은 탱탱하고 빵빵하게 아주 큰 것이 가운데에 원기둥꼴로 다른 기관에 비해 엄청난 크기로 자리 잡았다.

이것이 부드럽고 쫄깃한 속살로 사람들이 즐겨 먹는 '패주(貝柱)'라는 것이며, '조개관자'라거나 일본 말로 '가이바시라(가이는 조개, 바시라는 버팀기둥을 말한다 ; かいばしら)'라 부르는 것이다.

키조개 대부분 소금에 절여 말리거나(염건) 냉동하여 팔지만 싱싱한 것은 키조개 관자 스테이크, 키조개 회무침 , 버터구이, 꼬치, 볶음, 구이, 회, 초밥, 전, 죽, 탕 등으로 요리해서 다양하게 먹는다. 전남 지역에서는 구운 고기(삼겹살, 소 등심 등)와 김치와 함께 '삼합'으로 즐기기도 한다. 특히 이 조개의 관자는 쫄깃한 식감과 담백한 맛 때문에 가장 인기가 좋다. 조개구이집에서도 거의 빼놓지 않고 나오는 단골 메뉴. 단백질을 풍부하게 포함하고 있지만 열량은 낮은 저 열량 식품이며 필수 아미노산과 철분이 많아 동맥경화와 빈혈의 예방에 좋다.

이처럼 영양도 풍부하고 맛도 좋은 조개이지만, 무분별한 남획과 해양 오염으로 인해 갈수록 개체수가 줄어들고 있다. 이 때문에 양식 기술이 꾸준히 연구되고는 있지만, 아쉽게도 종묘를 전적으로 자연산에 의존하므로 수요를 충족하기가 쉽지 않다. 게다가 수확

자체도 만만치 않아 그냥 그물을 설치해서 걷어 올리는 형태가 아니라 해저에 잠수부들이 직접 내려가서 채취해야 하기 때문이다.

지금이야 통신판매나 택배수단이 발달하여 전국어디에서나 특산물을 손쉽게 구할 수 있게 되었지만 필자가 조선치대에서 대학 생활을 시작할 1990년 대에만 해도 전국의 특산물을 구하기가 쉽지 않아서, 희한하게 생긴 키조개를 여수에 가서야 처음으로 보고 조개의 크기에 비해 엄청난 크기의 관자에 놀랐고 회나 구이, 무침을 먹고 그 맛에 놀랐고, 관자를 제거한 키조개의 내장(?)을 얼큰한 매운탕으로 먹는 그 맛 또한 별미로 그야말로 탄복 하였었다. 그리고 문제의 키조개가 잠수부들이 온갖 어려움을 감수하며 바닷속에서 건저 올린 것이라는 것을 알고 그들에 감사하는 마음으로 즐기고 있다.

학공치 : 고소하고 미세한 단맛 초밥 재료 인기

학공치는 동갈치목 학공치과에 속하는 바닷물고기로 북해도에서 동지나해 및 타이완까지 분포하며, 우리나라는 남부해안에 많다. 살 빛깔이 희고 맛이 담백하며 좋은 향기를 지녔다. 학명은 Hemirhamphus sajari TEMMINCK et SCHLEGEL이다.

몸은 가늘고 길며 약간 옆으로 납작한데, 아래턱이 바늘처럼 가늘고 길며 앞쪽으로 쑥 나와 있는 것이 특이하다. 몸빛은 등 쪽은 청록색이고 배 쪽은 은백색이며, 아래턱 끝은 약간 붉다. 몸 길이는 40㎝에 달한다. 산란기는 4~7월 사이이다. 먹이는 동물성플랑크톤이고, 작은 갑각류도 즐겨 먹는다. 연안성 해산어이나 기수역(汽水域 : 바닷물과 민물의 혼합에 의해 염분이 적은 물)에 들어가기도 하고, 때로는 하구에서 제법 떨어진 상류의 담수역(淡水域)까지 올라가기도 한다.

관련 기록으로는 1803년 김려(金鑢)의 ≪우해이어보(牛海異魚譜)≫에 홍시(魟鰣)가 보이는데 이것이 바로 학공치이다. 이 기록에 의하면, 홍시는 상비어(象鼻魚;학공치)인데 이를 곤치(昆雉)라고도 부르며, 회를 쳐서 먹으면 아주 좋다고 하였다. 또 학공치의 일종으로 교화홍시(蕎花魟鰣)에 대하여는 '몸이 조금 살찌고 부리가 날카롭고 희다'고 하였는데, 이것은 줄공치를 가리키는 것으로 추측된다.

1814년 정약전(丁若銓)의 ≪자산어보 (玆山魚譜)≫에서는 학공치를 침어(針魚)라 하고 속명을 공치어(孔峙魚)라 하였으며, 그 맛은 달고 산뜻하다고 하였다. 1820년 서유구(徐有榘)의 ≪난호어목지(蘭湖漁牧志)≫에서도 학공치를 중국식 명칭인 침어로 기재하고 한글로는 공지라 하면서 비늘이 없는 소어(小魚)로 큰 것이 불과 두서너 치이다. 몸은 빙어(氷魚)와 같으나 등에 실무늬(縷紋)가 있어 청색과 백색이 서로 교차한다. 주둥이에는 하나의 검은 가시가 있는데 침과 같으므로 본초(本草)에서는 속명을 강태공조침어(姜太公釣針魚)라고 서술하였다.

1871년 이유원(李裕元)의 ≪임하필기(林下筆記)≫에서는 침어라 하면서, "입에 바늘이 있는데 몸길이의 반에 가깝고, 밤에 물 위에 떠올라와 놀므로 강촌 사람들이 작은 배를 타고 송진에 불을 밝혀 그물로 잡는다."고 하였고, 속명이 공지(孔之)인데 이를 명명하여 침어라 한다고 하였다. 조선 말기의 평안남도 지방 읍지를 보면 물산에 침어(針魚)라는 것이 보이는데 학공치를 가리켰던 것으로 추정된다.

학공치는 물 위에 부유하는 것을 좋아 한다. 어부가 밤에 배를 타고 횃불을 밝혀 물에 비추면 많은 물고기가 모이는데 반두(주;그물 좌우 끝에 대나무 손잡이를 달아 두 사람이 끌 수 있도록 만든 어로 도구, 길이는 약 2~55m로 다양하다)로 이를 잡는다.

한강 상류와 하류 및 임진강·대동강·금강 등 무릇 빙어가 나는 곳에는 어디에나 있으며 3월에 나타나기 시작하여 한여름에 이르면 볼 수 없다고 하였다.

당시에는 학공치를 연승이나 지인망으로 많이 잡았는데, 일본인들이 석조망(石繰網)으로 잡기 시작한 이후로는 그것이 많이 사용되었다.

오늘날에는 주로 범선저인망·소형선망·연안유자망 등으로 잡는다. 어획고 통계에는 '학꽁치'라는 이름으로 실려 있으며, 근년의 연간 어획량은 1,000M/T 내외이고 1989년에는 3,763M/T이 잡혔다. 살 빛깔은 희며 맛은 담백하고 좋은 향기를 지니고 있다.

학공치는 꽁치에 비해서는 지방이 적은 편이며 맛도 더 담백하다. 또한 특유의 고소한 향기가 있으며 미세한 단 맛이 나기 때문에 초밥재료로도 매우 인기가 높다. 그러나 선도가 조금만 떨어져도 비린 맛이 강해지므로 회는 숙성된 것보다는 신선한 상태로 먹는 것이 좋으며 초절임을 하면 색다른 풍미를 더 할 수 있으나 대체로 회로 먹는 편이다. 구이로 먹을 때 색다른 맛을 느낄 수 있으나 꽁치에 비해서는 살이 적어 발라먹기가 수월하지 않다.

그 외에도 학공치는 건어물(포)로 만드는 경우가 있으며 조미를 했음에도 특유의 단 맛과 향 때문에 술안주로 인기가 높았으나 공급의 불안정성과 가격대비 적은 양이 아쉬움으로 남는다.

그 외에도 학공치 튀김이 독특한 맛으로 인기를 끌고 있다. 튀기면 맛이 응축되는 느낌이 강하며 특유의 단 맛과 향기도 잘 살아난다. 소금으로 가볍게 밑간을 한 후 좋은 밀가루만 묻혀서 튀겨내면 그 맛이 기가 막히다. 학공치로 요리를 하기 전에 내장을 싸고 있는 검은 막을 반드시 제거해야만 혹시도 모를 살사를 예방할 수 있다.

사실 필자는 학공치에 대해 먹어볼 기회가 별로 없어 잘 모르고 있었다. 필자가 광주 조선치대에 몸담고 있을 시절 마침 광주에 사시던 외종조부님(서태관님, 광주일고 서중총동창회장. 목포일보 사장 역임) 댁에 수시로 가서 이 분의 말벗도 해드리고 예외 없이 여기에 곁들여서 수많은 가양주를 축 내었다. 이 부분은 선친이 일제 때 어업조합에 계셨던 연고로 해서 해산물을 즐기셨고 댁에는 절기에 따른 각지의 수산 특산물이 떨어질 날이 없었다. 한번은 이 댁에서 학공치의 포를 맛보고 그 맛에 반해서 관심을 가지게 되었다. 어포의 맛이 이 정도면 회 나 신선한 학공치를 이용한 그 나머지 요리는 일러 무삼하리요! 그 이후 학공치 회의 달착지근하면서도 고소한 맛에 반하여 아직까지 즐기고 있다. 일전 가락동 수산 시장에 가서 학공치 횟감을 보고 환호하며 좌판을 싹쓸이하여 집에 가지고 와서 얼른 회를 떠서 가족들과 함께 그 맛을 음미한 일이 있었다. 물론 필자의 솜씨는 전문가가 보기에는 도끼로 장작 패는 정도의 수준이겠지만……. 가격이 여하 간에 학공치가 잡히는 시기와 선도에 따라 회로 먹을 수 있을지 여부와 맛이 좌우되므로 적시적기에 신선한 생선을 만난다는 것이 쉽지 않다.

한치꼴뚜기 : 비타민E 타우린 많아 피로회복에 좋아

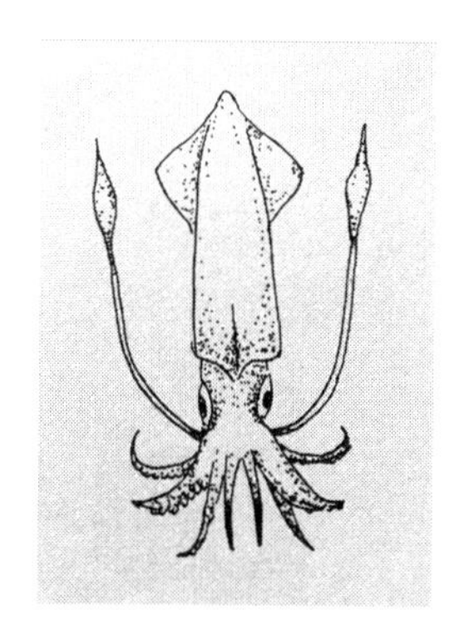

한치꼴뚜기는 두족강(Cephalopoda), 꼴뚜기과(Loliginidae) 두족류 십완목(十腕目)에 속하는 수산물로서 영어로는 Mitre squid이고 학명은 Uroteuthis chinensis (Gray, 1849)이다.

한치는 꼴뚜기의 일종으로, 그 이름은 큰 몸집에 비해 다리가 '한치'밖에 안 되는 것에서 유래했다. 우리나라 한치는 크게 '제주 한치'와 '동해 한치'로 나뉜다. 제주 한치는 '창꼴뚜기', 동해 한치는 '화살꼴뚜기'로 부르는 게 표준 이름이다. 민간에서는 살오징어와 창꼴뚜기, 한치꼴뚜기, 화살꼴뚜기가 혼동되며, 창꼴뚜기와 화살꼴뚜기는 한치로 불리기도 하는데, 전부 다른 종이다. 이들 두 한치는 생김새가 조금 다르고 산란과 제철도 다르다.

동해 한치는 봄에 산란하며, 봄이 제철이다. 맛은 겨울에서 봄까지가 가장 좋다. 제주 한치는 여름에 산란하며, 이때 가장 많이 어획되고 맛도 좋다.

한치는 오징어와 자주 비교되나 엄연히 그 '급'이 다르다. 제주도 속담에 '한치가 쌀밥이라면 오징어는 보리밥이고, 한치가 인절미라면 오징어는 개떡이다'라는 말도 있다. 즉 한치가 오징어보다 한 수 위라는 뜻이다. 한치는 오징어보다 씹히는 맛이 훨씬 더 부드럽고 감칠맛이 있다.

한치는 단백질 함량이 매우 높고 지방과 탄수화물 함량이 극히 낮은 고단백 저 열량 식자재다. 비타민과 무기질도 다양하게 함유돼 있으며 니아신과 인 함량이 특히 높다. 열량이 낮아 다이어트에 좋고 비타민 E와 타우린이 많아 심장질환 예방과 피로회복에도 좋다.

한치는 몸통에 탄력이 있고 광택이 도는 게 신선하다. 크기는 18cm 정도로 오징어의 3분의 1 수준이다. 몸색은 창백하며 검붉은 점들이 찍혀있으며 지느러미는 몸집에 비해 큰 편에 속한다. 촉완은 화살처럼 뾰족한 마름모꼴을 가져 화살오징어라고도 불린다. 같은 속의 다른 종들처럼 먹물주머니 양쪽 복측 면에 발광포가 있는 게 특징이다. 눈에 막이 있기 때문에 눈에 막이 없는 오징어와 차이점이 있다.

한치는 태평양 서부에 넓게 분포한다. 한국에는 동해 남부와 남해에 서식하며, 여름철에 잡힌다. 한치는 밝은 빛을 좋아하는 주광성(走光性)어종으로, 낮 동안 깊은 바다에 머물다가 밤이 되면 얕은 곳으로 올라온다. 1960년대 이전 제주도 지역에서는 오동나무와 대나무 재질을 이용해 낚시를 만들었다. 오동나무 채낚시는 길이 10cm, 너비 2.5cm 되는 오동나무 맨 아래에 낚싯바늘 세 개를 묶은 후 흰색 헝겊으로 나무를 싼 방식이다. 물속에서 한치가 흰색 헝겊을 먹이로 착각하고 달라붙게 된다.

제주도에서는 한치를 '낚는다'고 하지 않고 '붙인다'고 한다. 낚시에 미끼를 묶거나 꿰어 물속에 드리우고 기다리고 있으면 한치는 미끼에 와서 그것을 삼키는 것이 아니고 달라붙는다. 이렇게 낚시에 한치가 달라붙게 되면 손에는 묵직한 감이 전해지는데 이때 낚싯줄을 살며시 잡아 당겨 바다 위로 들어 올려 보면 그때까지도 한치는 미끼에 붙어 있다. 이때 족바지(뜰채)로 떠서 잡는다.

제주도에서 한치는 그냥 썰어서 초장에 찍어 먹기도 하지만 물회로 가장 많이 먹는다. 제주도에서 물회는 된장이 주된 양념으로 쓰이며, 먼저 한치를 채로 썰고 오이·양파·깻잎을 채로 썰고, 고추는 어슷하게 썰고, 부추는 송송 썬다. 그리고 된장, 다진 마늘, 식초, 참기름으로 양념된장을 만들어서 한치에 버무린 다음 준비해 둔 채소를 섞어 냉수를 부어 마무리한다.

정약전의 자산어보에서는 한치를 종잇장처럼 얇은 뼈를 가지고 있는 귀중한 고기라는 뜻의 고록어(高祿魚)로 표현했다. 지금도 전라로 지방의 일부 해안 지방에서는 한치로 담은 젓갈을 '고록젓'이라고 불린다.

오래전 해외여행이 자유화되기 이전인 1882년 4월 조선치대에 몸담고 있을 시절 신축예정의 치과대학과 병원의 참고자료로 삼기 위해 계기성, 황광세 교수님과 같이 일본의 도쿄, 교토, 오사카의 몇 개 대학을 방문하여 임상교육, 연구, 환자 치료시설 등을 면밀히 관찰한 일이 있었다. 일행과 같이 당시 동경의 국립대학인 동경의과치과대학을 방문한 일이 있었는데 그 대학 방문 중에 마침 그곳에 오셨던 서울 치대의 민병일 교수님을 우연히 만났었다. 더구나 그 분의 숙소가 우리 일행이 묵던 Tokyo Daichi Hotel과 같아서 '서울에서도 거리에서 아는 사람을 우연히 만나기가 쉽지 않은데 더구나 동경에서 같은 Hotel에 묵는 이런 우연이 있을 수 있냐.'고 감탄(!!)하셨었다.

그날 저녁 일본어가 유창하신 민 교수님의 안내로 신주쿠 골목의 횟집에서 한치(이가) 회를 안주로 오키나와 소주로 대취 하였었다. 당시 필자는 해외여행이 처음이어서 모든 행동거지가 시골장터에 가져다 놓은 촌닭 수준이었는데 민 교수님의 유창한 일본어 화술(?)과 젓가락을 대기도 어렵게 예술품 같던 한치(이가)회는 맛까지 뛰어나서 필자의 얼을 빼 놓기에(?) 충분하여 두고두고 기억 속에 남아 있다.

그 후로 필자는 한치회의 맛에 매료되어 지금껏 한치 회를 즐기고 있다. 가끔은 가락동 농수산시장에서 신선한 한치를 발견하기만 하면 즉시 좌판을 싹쓸이(?)하여, 도끼로 장작 패는 솜씨에 불과한 필자의 회뜨는 솜씨지만 전 가족이 인내하며(?) 가장표 한치회를 즐기곤 한다.

해삼 : 내장에 강한 독 인삼 사포닌 계통 물질 함유

해삼류(海蔘類)는 극피동물(棘皮動物)문 해삼강(Holothuroidea)에 속하는 해양무척추동물을 두루 일컫는 말로 학명은 Holothuroidea de Blainville, 1834이다. 이축방사대칭이고 오이 모양이며 완과 가시는 없다. 옆으로 다니기 때문에 입과 항문은 서로 반대쪽에 있고 이차적으로 좌우대칭이 된 동물이다. 입 주위에는 촉수가 있으며 석회질의 작은 골편이 두터운 체벽근육에 흩어져 있다. 보대구는 닫혀 있으며, 관족은 흡반이 있으나 잘 발달해 있지 않다. 천공판은 몸 속에 있으며, 식도는 석회환으로 싸여 있고 소화관은 길다. 차극은 없고 호흡수가 있다. 암수딴몸 또는 암수한몸으로서 체외수정을 한다.

해삼은 세계적으로 약 1천5백종이 분포하며, 한국에서 생산되는 해삼은 온대산 참해삼인 홍해삼, 청해삼, 흑해삼 등 4과 14종이다. 해삼 표면의 색깔에 따라 홍해삼, 청해삼, 흑해삼, 해파리해삼 등으로 구분해 부르며, 이들은 모두 같은 종이다. 다만, 선호하는 먹이와 서식처에 따라 피부의 색이 달라졌을 뿐이다.

대부분의 해삼들은 항문으로 내장을 빼서 공격하는 식으로 자신을 방어한다. 과학자들 사이에서 '해삼 핵무기'라고 불릴 정도로 해삼 내장의 독은 매우 강해서 작은 수족관에 있는 물고기들을 죄다 싹쓸어 버릴 정도라고 한다. 따라서 해수어항에 물고기와 해삼을 함께 넣는 것은 건 절대 엄금이며, 해삼이 공격행동이 아니더라도 산란 등으로 내장을 빼내게 되면 독이 어항에 다 퍼져서 다른 물고기들이 사망하게 된다. 그러나 짚 위에 해삼을 두면 고초균(짚에 사는 세균) 때문에 몇 시간 후 해삼의 조직이 다 녹아버린다.

해삼의 우리 고유의 말은 "뮈"라고 불렸으며, 여러 고문헌에서는 해남자(海南子), 해서(海鼠), 토육(土肉), 흑충(黑蟲), 해삼(海蔘) 등의 명칭으로 불려졌다. 해삼이라고 명명된 이유는 본초학에서 인삼에 필적한다고 하여 명명되어졌다고 하며, 실제 근래의 성분연구 결과 인삼 사포닌과 같은 계통의 사포닌 물질인 holothurin A와 B 등이 해삼에 함유하고 있는 것으로 밝혀 졌다.

전 세계에서 가장 먼저 해삼을 식품으로 섭취하기 시작한 곳은 기원전 5~6세기경 현재의 함경남도 지역과 연해주에 거주하던 퉁구스계 인종, 식신(息愼)이라고 한다. 함경도와 인접한 연해주 지역이 해삼 산지로 유명하여 블라디보스토크의 옛 중국식 이름이 '해삼위(海參崴)'로 불리었다. 해삼이 본격적으로 세계 시장에서 두드러진 것은 16세기 이후로, 특히 18세기 이후 도호쿠(東北) 이북에서 채취되어 일본에서 중국으로 팔려나갔던 해삼은 일본의 은 유출을 막았던 중요한 수출품으로 꼽힌다. 18세기 이후 다소 무역이 쇠진했던 조선도 일본과 중국에 건해삼을 매매하여, 해삼의 무역망은 조선 북부 및 홋카이도(北海道)부터 오스트레일리아 북부까지 걸쳐 있었다.

한방에서 해삼은 최고의 강정제로 불릴 만큼 원기증진과 보혈로 신장을 이롭게 하여 남성들의 정력을 강하게 만든다. 임신 중인 여성과 선천적으로 몸이 허약한 여자와 태반이 약한 임산부에게 좋다고 한다. 해삼 단백질의 주요 아미노산 성분은 알기닌, 시 스틴, 히스티딘, 리진이며, 철, 인, 칼슘 등이 풍부하고 담즙성분인 타우린도 많아서 빈혈을 예방 치료하며, 간장의 운동을 원활하게 해 준다. 특히 칼슘과 탄닌 성분은 암과 위궤양까지 예방하며, 식욕을 돋우고 신진대사를 좋게 하고 칼로리가 적어 비만 예방에도 효과적이고, 고혈압, 동맥경화, 당뇨환자와 비만자의 건강식품으로 권장된다.

우리나라는 흔한 식재료로서, 횟집에서 보통 주된 회가 나오기 전 곁들인 안주;스키다시(つき-だし[突(き)出し]) 격으로 나오는데, 멍게나 개불이 함께 딸려온다.

중국 요리에서는 중요한 고급 식재료로, 주로 말린 형태의 건해삼으로 유통되는데 다른 국가에선 사실 인기가 별로 없다.

해삼은 보통 오이 썰듯 가로로 얇게 썰어 제공되며 오돌토돌하고 두툼하며 속이 꽉 찬 식감을 갖는다. 첫 식감은 매우 단단하지만 씹을수록 허물어져 물컹해진다. 자근자근 씹다 보면 식감 자체는 상당한 진미임을 느낄 수 있다. 기괴한 외형과 다르게 비린내나 누린내는 적은 편이며 횟감의 감초인 초고추장에도 잘 어울린다.

해삼 내장을 말려 포로 만든 것이 일본에서는 유명하다. 과거 일본에선 해삼은 주요 중국 수출품이어서 매우 비싼 식재료였기 때문에 내장을 이용한 요리가 발달했다. 해삼 내장 자체만을 젓갈로 담근 것을 고노와다(このわた) 라고 부른다. 독특한 맛이 별미로 여겨져서 숭어알, 성게알과 함께 일본의 고급 일식집이나 해산물 뷔페에서 맛볼 수 있다. 일본에서는 해삼 살보다 내장을 이용한 재료가 인기가 더 높아서 시장에서 파는 해삼은 내장을 빼서 파는 경우가 많다고 한다.

해삼 산지 인근에서는 해삼 내장에 밥에 비벼먹기도 한다. 우리나라에서 해삼을 이용한 요리로 해삼물회, 해삼토렴, 해삼탕, 해삼전 등으로 일반 횟집은 물론 중식당에서 고급요리로 사랑받고 있다.

오래전 겨울철 가족과 함께 제주도 여행을 한 일이 있었다. 서귀포 바닷가 근처에 숙소를 잡았는데 근처 횟집의 그야말로 microtome을 이용해(?) 얇게 썬 것 같은 홍삼의 맛이 기가 막혀 제주 소주를 연상 들이키던 기억이 새롭다.

공(空)권에 나오는 음식탐구

1. 메추라기 : 구우면 쫄깃 담백 식감은 바삭
2. 비둘기 : 기름기 없고 담백하며 보드라운 맛
3. 오리 : 알칼리성으로 체액 산성화 막아
4. 참새 : 가는 뼈를 통째로 씹기 때문에 바삭
5. 청둥오리 : 불포화지방산 많아 다이어트 도움
6. 칠면조 : 다리 엄청 질겨 호불호 극명한 맛

메추라기 : 구우면 쫄깃 담백 식감은 바삭

메추라기는 이명 메추리로도 불리며 꿩과(Phasianidae) 메추라기속(Coturnix) 메추라기(C. japonica) 종에 속하는 사육조류로서 학명은 Coturnix japonica Temminck & Schlegel, 1849이다. '메추리'와 '메추라기'는 동의어로 사전에 올라 있으며 둘 다 맞는 표현이다.

한자로는 鶉(메추라기 순)이라고 한다. 분류두공부시언해(分類杜工部詩諺解)(초간본)(1481)에 이미 메추라기 순에 대한 기록이 있고 동의보감(東醫寶鑑)에는 "순육(鶉肉)이 오장을 보강하고 힘줄과 뼈를 튼튼히 한다. 우유로 달여 먹으면 정수(精髓)가 풍부해지고 양념해서 구워 먹으면 정력을 굳건히 한다."고 기록되어 있다. 본초강목(本草綱目)에는 "오장육부를 보양하고 증기를 북돋아 주며 근육과 뼈를 튼튼히 하는 좋은 약재"라고 기록되어 있으며, 오래된 요리서에서 메추라기 요리에 관한 기록을 쉽게 찾아볼 수 있다.

우리나라에서는 메추라기가 알 생산 위주로 사육되고 있으며, 고기의 양이 적어 식용으로는 그리 큰 인기가 없으나 프랑스를 비롯한 유럽에서는 오래전부터 즐겨온 전통음식이다.

2000년 남북정상회담 때 김정일 국방위원장이 김대중 대통령을 환영하는 만찬에서 '륙륙날개탕'이라는 요리가 등장하였는데 이 요리가 실제로는 '메추라기 완자탕'이었다.

가축용 닭이나 칠면조와는 달리 메추라기는 가축으로 키우는 새임에도 불구하고 날 수 있다. 야생 메추라기는 겨울철에 한반도에서 월동하는 겨울철새이다.

메추라기의 울음소리는 닭보다는 적은 편으로 몸집에 걸맞게 훨씬 짧고 간결하게 운다. 몸길이는 20cm정도로, 대체로 갈색을 띤다. 날개길이는 9~10cm, 꼬리길이는 3cm 정도이다. 몸은 병아리와 유사한데 꽁지가 짧다. 몸빛은 황갈색에 갈색과 검은색의 가느다란 얼룩무늬가 있는데, 목 부분이 수컷은 붉은 밤색, 암컷은 갈색을 띤 황백색이다. 이러한 깃털 덕분에 덤불 아래에 있으면 눈에 잘 띄지 않는다.

현재 국내에는 일본 메추라기(japanese quail), 미니 메추라기, 관 메추라기. 갬벨 메추라기, 텍사스 메추라기(texas A&M quail). 콜린 메추라기(bob white quail), 산 메추라기(mountain quail) 등 다양한 메추라기의 종류가 사육되고 있다. 생김새가 둥글둥글하고 귀여워서인지 애완동물로 기르는 사람들도 많아 흔히 '미니메추라기'라고 불리는 '버튼 케일(button quail) 종이 애완 메추라기로 많이 선호된다.

예부터 메추라기는 겸손과 청렴의 선비를 상징했는데, 메추라기의 얼룩덜룩한 깃털이 수수한 누더기 옷을 입은 선비의 모습과 같다고 여겼다고 한다.

1950년대 말에 대한민국에서는 메추라기 파동이 일어나기도 했다. 누군가가 메추라기 알이 계란보다 훨씬 높은 영양 성분을 갖고 있다고 소문을 퍼트려 사람들이 너도나도 메추라기를 키우기 시작한 것이다. 메추라기는 몸집이 작고 상대적으로 사료를 적게 먹어서 키우기가 쉬워 공급이 과다하게 된 것이었다. 실제 메추라기 알은 같은 양의 달걀 대비 비타민 B2를 1.7배, B12는 5.2배, 철분 1.7배, 엽산 2.1배 비율로 더 많이 함유하고 있다고 한다.

공급하는 사료의 양 대비 생산되는 고기와 알의 전환 비율이 닭보다 훨씬 우수하고 고기의 단백질 비율 등 식량으로서는 더 우수하다. 또 질병이나 관리 등 사육에도 닭보다 손이 덜 가기 때문에 닭보다도 육성이 경제적이다. 메추라기는 영계보다도 작은 크기 때문에 살이 적어 대량 유통되는 인기 육류는 아니나 다른 사육조류에 비해 맛은 뛰어나다. 구이집이나 포장마차 등에서는 참새구이라는 이름으로 판매되며 워낙 크기가 작기 때문에 뼈째 먹을 수 있다. 또한 중국 요리, 베트남 요리에는 메추라기 석쇠 구이도 있고 일본 요리 중에서도 메추라기 구이를 제법 쉽게 찾아볼 수 있다. 북한에서는 메추라기 요리를 전문으로 하는 식당도 존재한다고 한다.

필자가 군에 입대하여 서부전선 ○○사단에 근무할 당시 그 부대 위수지역이던 봉일천에 영화배우 오현경이 운영하는 메추라기 농장과 그 고기를 요리하는 식당이 있었다. 인기 탤런트가 운영하는 메추라기 요리 집이라고 입소문이 나서 식당은 상당이 번성했었다고 한다. 가끔 일정이 없을 때는 배우 오현경이 매장에 들르곤 하였는데 술이 거나하게 오른 손님들이 시시때도 없이 오현경 보고 "야, ○○○야 ! 한번 웃겨봐."하고 오현경 본인보다 나이 어린 손님들이 버릇없이 놀려 대었다고 한다. 이솝우화에 나오는 비유로 '장난스럽게 던진 어린이들의 돌 때문에 애꿎은 개구리는 죽는다.'고나 할까? 돈이 아무리 좋아도 자존심에 상처를 입어 가면서 수모(?)를 참을 수가 없었을 것이었다. 결국 얼마 안가서 문제의 식당은 문을 닫았다는 소문이 전해 왔다.

메추라기 구이는 닭이나 오리와는 비교할 수 없을 정도로 고소하고, 쫄깃하고, 담백하며 식감이 바삭하고 닭이나 오리와 달리 퍽퍽한 부분이 없는 것도 장점이며, 연골, 뼈, 껍질을 거부감 없이 섭취할 수 있을 정도로 식감도 좋다. 따라서 어느 종류의 주류에도 안주로서는 적합(?)하여 주당들에게는 친숙한 요리이다. 거기에 값 또한 착하기 그지없으니 금상첨화이다.

비둘기 : 기름기 없고 보드라운 맛

비둘기는 비둘기목(Columbiformes), 비둘기과(Columbidae)에 속하는 유해조수로서 학명은 Columba livia Pigeon이다. 전 세계 대도시에서 볼 수 있는 흔한 새 중 하나로 수명은 10년에서 20년 정도로 꽤 긴 편이다. 한국에서는 주로 천한 닭둘기의 이미지만 있지만 외국에서는 품종을 개량한 관상용 비둘기도 많다. 품종도 많고 생김새도 천차만별이다.

흔히 평화의 상징이라고도 하며, 특히 하얀 비둘기가 주로 평화의 상징으로 여겨진다. 그 이유는 2차대전에서 이긴 연합군이 추축군 처리를 위해 여러 의사회를 개최하였는데, 전시에 통신용으로 맹활약한 비둘기를 상징으로 그려 넣었었고 UN이 일을 넘겨받아 평화가 목적으로 바뀌면서 통신용 비둘기(흰비둘기 상징)가 평화의 상징으로 사용되게 되었다.

중학교 입학 이후 부모님을 떠나 서울에서 유학(?)하던 필자는 방학이 되면 선친이 교장선생님으로 계시던 시골을 찾곤 하였다. 별로 할 일이 없이 빈둥거리며 방학 내내 시간을 보내곤 하였다. 특히 시골의 겨울밤은 길기만 하다. 가로등 하나 없는 깜깜한 밤, 밖은 살을 에이는 겨울바람이 사정없이 얼굴을 할퀴며 불어대고 지금과 달리 오래전에는 TV가 있기를 하나(?), 특별한 문화 시설이 있나? 그야말로 적막강산 그것이었다.

어느 해 겨울밤에는 부친이 계시던 초등학교 숙직실로 마실을 가게 되었다. 당일 숙직 이시던 선생님과 행정직원 한 분이 계셨는데 이런저런 이야기를 하며 시간이 지나 밤이 이슥해 졌다. 시장기를 느끼신 선생님이 행정직원 보고 "오늘은 뭐 없어요?" 하니 행정직원이 "있지요." 하며 방 밖으로 나갔다. 그렇게 얼마간 시간이 흐른 후 행정직원 아저씨가 냄비에 무엇인가를 담아가지고 들고 들어와서 방안 난로에 올려 놓았는데 잠시 후 맛있는 냄새가 방안을 가득히 채웠다. 문제의 냄비 속에는 숙직실 밖에 자리한 비둘기 집에서 수면 중(?)이던 비둘기 몇 마리가 손질 되어 들어 있었다. 그렇게 하여 난생 처음 맛본 비둘기 백숙(?)의 맛은 기가 막혔다! 크기는 약병아리보다 조금 작았는데 별로 양념도 없이 소금 정도로 간을 한 것이 기름기도 없고 담백하고 고기의 질감도 보드랍고 맛이 있었다. 이런 맛이니 고대 이집트의 파라오나 한국의 보신탕 문화를 가지고 시비걸어 88 서울 올림픽을 boycoat 하겠다고 으름장을 놓던 프랑스 여배우 브리지트 바르도(Brigitte Anne-Marie Bardot)의 조국 프랑스 대통령조차 사족(?)을 못 썼었나 보다!

평화의 상징이던 비둘기가 이제는 제 살길을 찾아야 할 신세가 되었다. 야생에서 생활하던 비둘기는 사람에 의해 사육되기 시작했고, 방사되면서 그 개체수가 크게 늘어나 피해를 주고 있기 때문이다. 우리나라에서는 1988년 서울올림픽과 동년 장애인 올림픽 때 많은 수의 비둘기를 방사하면서 개체수가 급격히 증가하였고, 먹성이 좋고 번식력이 뛰어나 2009년 환경부가 조사한 자료에 따르면 서울 시내에만 약 35,000마리가 서식하고 있는 것으로 나타났다. 이에 공원을 비롯한 도심 곳곳에서 강한 산성의 비둘기 배설물로 건축물과 구조물 등을 부식시키고, 흩날리는 깃털 때문에 비위생적으로 불쾌감을 주어 주민들의 민원이 빗발치자, 2009년 6월 비둘기를 유해야생동물로 지정하게 되었다. 지자체에서는 다양한 비둘기 퇴치방법의 일환으로 모이주기 금지, 행사용 방사 금지, 비둘기 둥지 알 수거 등의 방법으로 개체수를 점차 줄여나가는 방법을 모색하고 있다.

비둘기는 귀소본능이 뛰어나 기원전 이집트에서부터 사람에게 사육되어 통신용으로 이용되었고, 전쟁 때는 편지를 보내는 '전서구'로서 활약했다. 우리나라에서도 6·25전쟁 때 미군이 이용한 기록이 남아있다. 비둘기가 집을 잘 찾는 이유는 첫 번째로 태양의 빛을 보고 판단할 수 있다는 '태양방향 판정설'과 두 번째로 본능적으로 지구의 자기를 느껴 방향을 잡는다는 '지자기 감응설'이 있는데, 태양이 없는 밤에도 이동하는 점으로 미루어 지자기 감응설에 무게가 실리고 있다. 현재는 통신기기의 발달로 거의 쓰이지 않고 있으며, 대신에 서유럽과 중화권에서 경주비둘기로 각광을 받고 있다.

비둘기 고기를 Squab이라고 하는데, Squab 스테이크는 미국/유럽에서 파인 다이닝 메뉴 중 하나이며, 미쉐린 가이드에서 별을 딴 레스토랑에서도 심심찮게 나온다.

원래는 비둘기 요리는 지중해 연안의 요리였다. 이곳 자체가 비둘기의 원산지이기도 하고. 이집트에서는 '하맘 마슈위'라는 요리가 있는데 결혼식 날 장모가 사위에게 만들어주는 요리로 유명하다. 중국에서도 당연히 비둘기를 식용으로 쓴다. 주로 구이로 내놓는 경우가 많은데, 먹어본 사람들에 의하면 맛있다고 한다. 그밖에 아랍인들은 닭 키우듯이 비둘기를 키운다.

터키 요리에서도 마르딘, 샨르우르파, 하타이도 같이 아랍문화가 강한 지역에서는 비둘기를 양념에 절여서 구워 먹기도 하고 치킨처럼 튀겨먹기도 한다. 일본 레스토랑에서도 고급 요리로 파는 경우가 있다고 한다. 중국에서도 치킨처럼 비둘기구이를 먹기도 한다.

세르비아 군의 사라예보 봉쇄 때에도 봉쇄로 인해 식량이 모두 떨어졌을 때, 보스니아 저항군이 거리의 비둘기를 사냥해 먹은 것은 유명하다. 북한 김정일도 생전에 비둘기 요리를 매우 좋아하여, 비둘기를 간장에 절인 뒤 쪄서 만드는 비둘기 간장찜을 특히 좋아했다고 한다.

우리나라 천연기념물 215호 흑비둘기는 야생비둘기 무리 중 가장 큰 새로 한국, 일본 남부, 중국 등지에 분포한다. 울릉도에서는 검다하여 '검은 비둘기(흑구:黑鳩)'또는 울음소리 때문에 '뻐꿈새'라고도 부른다. 몸길이는 32cm 정도로 암수 동일하며, 몸 전체가 광택이 나는 검은색이다. 부리는 검은 빛을 띤 회색이고, 다리는 붉은색이다. 바닷가나 크고 작은 섬에서 서식하며 특히 후박나무 숲이나 동백나무 주변에서 산다. 흑비둘기는 한정된 지역에만 분포하는 희귀한 텃새이므로 생물학적 보존가치가 높아 천연기념물로 지정·보호하고 있다. 이런 귀한 흑비둘기의 맛이 좋다고 하여 섬의 일부 주민들의 식용(?)으로 애용(?)되고 있는 무지의 소치가 일어나고 있으니 애석한 일이다.

오리 : 알칼리성으로 체액 산성화 막아

전 세계에서 기러기목(Anseriformes) 오리과(Anatidae)에 속하는 조류는 146종이 알려져 있다. 이 가운데 모두 38종이 우리나라에 도래하며, 그 중에서 우리나라에서 번식하는 오리류는 텃새인 '흰뺨검둥오리'와 '원앙'의 2종뿐이라고 한다.

현재 가축화된 오리는 야생의 청둥오리(Anas platyrhynchos)와 머스코비오리(Cairina moschata) 두 종류로 둘 다 집오리라고 부르기는 해도 이 두 종류는 상당히 다르다.

집오리는 원래 야생인 청둥오리를 중국에서 가금화(家禽化)한 것인데, 이집트에서는 기원전 2000년경의 기록이 있다고 한다.

≪오주연문장전산고(五洲衍文長箋散稿)≫에 따르면 신라와 고려에도 오리가 있었고, 일본에는 3세기에 오리가 전래된 것 같다고 하니 우리 조상들은 이보다 훨씬 전부터 오리를 기르기 시작하였을 것이다.

오리고기는 부드럽고 쫄깃한 식감에 기름기가 많으며, 고소하면서도 누린내가 거의 없다. 사람이 섭취하는 고기들 중에서도 쉽게 선호될 수 있는 장점들을 두루 갖추고 있어 전 세계적으로 인기를 끄는 식재료이다. 어떤 나라에서건 최상급으로 취급되는 육류는 아니지만, 닭과 마찬가지로 오리고기를 거부하는 문화권이 없어 오리의 사육법이 보급된 나라들은 전부 고기를 섭취할 만큼 문화권에 따라 호불호가 갈리지 않고 골고루 인기를 끄는 고기이기도 하다.

오리고기는 쇠고기, 돼지고기, 닭고기와 비교하여 불포화지방산 함량이 가장 높고, 단백질, 무기질 등이 풍부한 식품으로 성장발육 촉진 및 기력회복에 좋은 식품이다.

오리고기는 닭고기에 비해 지방 함량이 높지만 우리 몸에 해로운 포화지방은 닭고기의 절반 수준이며 대부분이 올레산, 리놀레산 및 리놀렌산 등의 불포화지방산으로 이루어져 있고 체내 대사활동에 필수적인 라이신 등의 필수아미노산이 풍부하다. 따라서 혈액순환과 심혈관계 질환에 좋고 콜레스테롤 개선에 도움을 주는 식품이다.

오리고기에는 비타민 B1은 돼지고기에 비해 적지만 닭고기보다 2배, 쇠고기보다 4배 많은 양을 함유하고 있어 기억력을 증진시킨다. 비타민 B2는 소, 돼지, 닭보다 많고 이는 세로토닌 분비를 촉진시켜 우울증을 완화시켜주고 폐경기 여성에게 효과적이다. 또한 오리고기에는 칼륨, 인, 마그네슘, 칼슘, 철, 아연 등 무기질 함량이 높아 어린이 성장발육에도 도움이 된다. 주요 육류가 산성인데 반해 오리고기는 알칼리성을 띠고 있어 체액이 산성화되는 것을 막고 피부노화를 방지하여 탄력 있는 몸매를 유지시켜주며 콜라겐, 황산, 콘드로이틴 등의 함량이 높아 피부미용과 뼈, 관절 건강에도 기여하는 것으로 알려져 있다.

옛 문헌에 따르면 우리말로 오리·올이·올히로 불렸으며, 한자로 압(鴨)이라 하였다. 압은 집오리, 부(鳧)는 물오리라고도 하였다. ≪오주연문장전산고≫ 속의 아압변증설(鵝鴨辨證說)에는 "오리[鴨]에도 역시 몇 가지 종류가 있는데, 집에서 기르는 것도 있고, 야생인 것도 있다"고 하였으니 오리를 넓은 의미로 쓴 예이다. 오주연문장전산고에는 또한 고려의 싸움오리[高麗鬪鴨] 이야기도 있으며 ≪재물보(才物譜)≫와 ≪물명고(物名攷)≫에는 집오리와 물오리 이외에 계칙(鸂鷘)·벽제(鷿鵜)·원앙(鴛鴦, 元央)도 기록되어 있다. ≪지봉유설(芝峯類說)≫에는 닭과 오리는 가축이어서 잘 날 수 없고, 그밖에 들에서 사는 새들은 모두 잘 날 수 있다는 송나라 왕규(王逵)의 말이 인용되어 있고, ≪전어지((佃漁志)≫에는 여러 가지 문헌을 인용하여 집오리를 기르는 법을 비교적 상세하게 기록하였으며, ≪규합총서

(閨閤叢書)≫의 산가락(山家樂)에는 집오리의 알 안기와 새끼를 기를 때의 주의해야 할 일이 기록되어 있다.

≪동의보감≫의 탕액편에는 "집오리의 기름·피·머리·알·흰오리고기·흰오리똥·검은오리고기의 성질과 약효"를 적었다. 또 들오리의 고기는 "성이 양(凉)하고 독이 없다. 보중(補中) 익기(益氣)하고 위기(胃氣)를 화(和)하고 열·독·풍 및 악창절(惡瘡節)을 다스리며 배 내장의 모든 충(虫)을 죽인다. 9월 후 입춘 전까지 잡은 것은 크게 보익하며 집오리보다 훨씬 좋다. 그리고 조그마한 종류가 있는데 이것을 도압(刀鴨)이라 하며 맛이 가장 좋고 이것을 먹으면 보허(補虛)한다."고 하였다.

한때는 바삭바삭한 오리 껍질을 썰어서 주는 소위 오리 구이 'Peking duck'이 별미(?) 로 소문이 나서 필자도 가족과 함께 소위 유명하다는 강남의 오리구이집을 찾은 적이 있었다. 그러나 정작 바삭바삭하다는 오리 껍질로 전 가족 입맛을 충족하기에는 가격이 만만치 않았고 맛 또한 소문난 것 같이 경천(驚天)(?) 할 만한 것은 아니지만 한 번 쯤은 먹어볼만한 맛이었다.

정작 필자에게는 광주의 구 광주고속 terminal 근처 오리탕 골목의 오리탕이 그래도 입맛에 맞아서 광주 조선치대에 몸담고 있을 시절 점심을 해결하러 자주 찾았었다. 옴팍한 뚝배기에 된장을 풀어서 들깨가루를 첨가하여 토란대와 같이 끓여 나오는 오리탕 맛은 오리고기에서 나오는 특유의 기름을 제거하여 담백하고 얼큰하면서도 구수하고 느끼한 맛이 없어 일품이었다. 양도 푸짐하고 가격 또한 착하기 그지없어서 서민들의 수준으로는 제격(?)이었다. 경희치대로 직장을 옮긴 이후에는 경희대 정문 옆 '오리마을'의 주물럭, 탕, 훈제 오리고기와 함께 단호박의 속을 파고 거기에 훈제오리 고기를 채워서 쪄주는 훈제오리고기 호박찜 또한 별미로 학생들과 단체 회식할 때 자주 찾곤 하였다.

참새 : 가는 뼈를 통째로 씹기 때문에 바삭

참새(Eurasian tree sparrow)는 참새목 참새과의 새로 학명은 Passer montanus Linnaeus, 1758이다. 참새는 15세기부터 '춤새'라는 표기로 기록되어 있는데 '춤'은 현대 한국어의 '참'처럼 올바르고 진실함을 뜻한다.

몸은 다갈색이고 부리는 검으며 배는 잿빛을 띤 백색이다. 가을에는 농작물을 해치나 여름에는 해충을 잡아먹는 텃새이다. 인가 근처에 사는데 한국, 일본, 중국, 대만, 시베리아 등 유라시아 지역에 분포한다. 길이는 대개 10~20cm이다. 머리는 갈색이고, 등과 날개는 밝은 갈색이며 검은색의 줄무늬가 있으며 부리는 굵다. 어른 새와 어린 새는 눈앞, 뺨, 부리 아래에 있는 검은 부분의 색이 차이가 나는데, 성장할수록 검은색이 진해진다. 땅 위를 두 발로 뛰어다니며 풀씨, 나락 등을 먹는다. 제주도에서는 돌담구멍 등에 마른풀을 이용해 둥지를 만든다.

한반도에서는 박새와 더불어 흔히 볼 수 있으며 유럽의 북부와 아시아 대부분에 분포한다.

참새는 많은 수가 집단을 이루어 번식하지만, 둥지는 서로 떨어진 곳에 짓는다. 대개 인가나 건물에 암수가 함께 둥지를 짓는다. 텃새이지만 농작물의 수확기에는 제법 먼 거리까지 날아가 먹이를 찾는다. 여름철에는 딱정벌레, 나비, 메뚜기 등의 곤충류를 많이 먹고 그 외 계절에는 곡물의 낟알, 풀씨, 나무열매 등 식물성을 주로 먹는다. 특히 가을철 수확기에는 허수아비, 은박 반사줄, 바람개비, 맹금류 울음소리, 폭발음 등으로 퇴치 수단을 세워야 할 정도로 농작물 수확에 큰 피해를 주는 유해 조류이긴 하지만 해충 등의 벌레를 잡아먹기 때문에 농업에 있어 중요하다.

1955년 중화인민공화국의 마오쩌둥이 유례없는 대규모 해충, 해조 박멸 운동, 한자로는 除四害運動(4가지 해로운 것을 제거하는 운동)을 지시해 참새가 사라졌다. 참새는 추수기가 아닌 시기에 해충을 많이 잡아먹는다. 이러한 사실을 간과하여 참새의 박멸(?)로 해충이 기승을 부려 농작물이 현저하게 감소했고 유례없는 규모의 기근이 발생하였다.

이러한 전투(?)의 결과는 1959년에 나타났다. 1958년 한 해 동안만 참새 2억1천만 마리가 학살당해 거의 멸종의 위기에 이르자, 참새가 잡아먹고 살았던 애벌레와 메뚜기 등 각종 해충의 개체수가 폭발적으로 늘어났다. 결국 중국 역사에 길이 남을(?) 대흉년이 발생하여 공식 발표 2,000만 명, 학계 추산 최소 3,000만 이상, 최대 4,500만~6,000만 명의 기록적인 아사자가 발생했다. 당 지도부는 소련 서기장인 니키타 흐루쇼프에게 애걸하여 연해주에서 20만 마리의 참새를 공수할 수밖에 없었던 웃지 못할 사건이 기록으로 남아있다.

참새는 일정한 곳에서 잠을 자며 저녁때가 되면 미루나무 위 또는 대나무 숲에 많은 수가 모여 시끄럽게 운다. 부리를 위로 추켜올리고 꼬리를 부채 모양으로 벌리며 몸은 뒤로 굽히면서 과시행동을 한다.

참새는 2~7월이나 3~6월에 사람이 사는 집이나 건물에 둥지를 틀고, 4~8개의 알을 낳는다. 시골의 초가지붕 추녀 끝에 집을 지어 새끼를 키우는데 필자가 어릴 때 동네 악동들이 참새를 잡으려고 추녀 끝의 참새 집에 손을 넣었다가 그곳에 추위를 피해 있던 구렁이를 만져서 혼비백산하여 사다리에서 떨어진 것을 본 기억이 있다. 알을 품은 지 12~14일이면 부화하고 암수가 함께 새끼를 돌보며 새끼는 13~14일이 지나면 둥지를 떠난다.

필자의 어릴 적 기억으로는 시골에서는 벌레를 잡아먹는 여름철을 피해 곡물로 해결하는 가을 이후나 농한기인 겨울에 참새를 잡아 구이를 해 먹곤 하였다.

참새의 맛은 고소하고 담백하며 가는 뼈를 통째로 씹기 때문에 바삭하기도 하다. 소금에 찍어 먹을 경우 짭짤하기도 해서 술안주로는 그만이다. 참새고기는 증류식 소주나 사케 등 맑고 향이 너무 강하지 않은 술과 궁합도 좋은 편으로 참새 개체가 워낙 작아서, 머리까지 다 구워져서 그대로 먹는다.

식객에서 참새구이 편을 보면, 옛날에는 한 마리가 달걀 하나 값이었는데 요즘은 닭 한 마리 가격이라며 한탄하는 장면이 있다. 거기다 옛날에는 소주 한 잔에 참새 한 마리였는데, 요즘은 너무 비싸서 한 잔에 한 부위로 해결하여야 하니 감질나 한다.

참새는 멸종위기동물로 지정되어 있진 않지만, 환경부에 의해 포획금지종으로 지정되어 있다. 과거에 가장 인기 있는 술안주는 참새구이였다. 그렇지만 1972년부터 시행된 야생동물 수렵 제한 조치로 인해 국내산 참새 수급이 어려워져 가격이 올랐다. 지금은 예전만큼의 인기를 누리고 있진 않다. 포장마차에서 소비되던 구이용 참새는 주로 중국에서 수입되던 것이 대종을 이루며 그나마도 양계장에서 키운 병아리나 메추라기를 구워서 참새 대역으로 사용되었다. 참새구이는 맛은 있지만, 구운 닭고기와 큰 차이도 안 나며 단가 대비 고기가 너무 적어서 채산성이 없기 때문에 식재료로는 인기가 없다.

참새구이와 똑같지 않지만 불란서 요리 중 오르톨랑 ortolan [ɔʀtɔlɑ̃]은 살찌운 거위의 지방간인 푸아그라와 함께 으뜸으로 친다. 불란서 사람들은 참새 같은 작은 새를 잡아 프랑스만의 독특하고 해괴한(?) 방법으로 요리한다. 그 맛은 그야말로 천하일품으로, '프랑스의 영혼을 구현하는 요리'라고 찬사를 받아 역대 프랑스 대통령들조차 사족을 못 쓸 정도로 즐겼다고 한다. 그러나 요리방법이 너무나 괴상하고 잔혹하여 한국의 보신탕 문화는 양반(?)에 속할 정도이니 가히 미루어 짐작할 만하다.

청둥오리 : 불포화지방산 많아 다이어트 도움

청둥오리는 오리속 오리과에 속하는 철새로 학명은 Anas platyrhynchos Linnaeus, 1758이다. 청둥오리는 한국에서는 본래 겨울철새였으나, 현재는 지구 온난화의 영향으로 텃새화되었다.

크기는 집오리보다 작은 50~70cm 정도이다. 수컷은 머리의 색깔이 광택이 있는 녹색이며 흰색의 가는 목테가 있어 흐린 갈색의 암컷과 쉽게 비교가 된다. 꽁지깃은 흰색이지만 가운데 꽁지깃은 검은색이며 부리는 노란색이다.

호수, 하천, 해안, 농경지, 개울 등지에서 겨울을 나며, 낮에는 호수나 해안 등 앞이 트인 곳에서 먹이를 찾으며 저녁이 되면 논이나 습지로 이동하여 아침까지 머문다.

4월 하순에서 7월 상순까지 6~12개의 알을 낳아 28~29일 동안 암컷이 품는다. 식성은 풀씨와 나무열매 등 식물성 먹이 외에 곤충류와 소형 어류 그리고 무척추동물 등 동물성 먹이도 먹는다. 북반부 대부분의 지역에 분포하나 기후 조건에 따라 11월경에는 남쪽으로 날아와서 겨울을 보낸다.

청둥오리의 이름의 유래는 푸른 등을 가지고 있다고 하여 청등오리가 청둥오리가 되었다는 설과 푸른 머리를 가지고 있다고 하여 청두오리가 청둥오리가 되었다는 설이 있다.

청둥오리는 합법적으로 수렵이 허용되나, 야생의 청둥오리는 지방이 적고 질겨서 일반인들이 아는 그 오리고기와는 맛이 다르고 식감조차 다르다. 더구나 기생충이나 중금속 때문에 건강에도 좋지 않다. 가축으로 양식하는 것을 먹는 것이 안심할 수 있다. 우리나라에서 키우는 집오리는 청둥오리를 가축화한 것이다. 청둥오리는 암수 색깔이 다르고 다리가 선명한 오렌지색이다. 집오리는 몸 색깔이 하얗고 다리가 노랗고 몸집이 더 크지만 생김새는 거의 비슷하다. 전라남도 곡성군의 상징새이기도 하다.

필자는 91년도 미국 Michigan 주 Ann Arbor에 위치하는 Michigan 치대에 교환 교수로 다녀온 일이 있다. Michigan 주 하면 오대호 중 가장 큰 Michigan 호수가 연상되지만 Michigan 주에는 정말로 크고 작은 호수가 무수히 많다. 공식적인 호수의 수만 해도 크고 작은 것이 약 1만개 정도라고 하니 얼마나 호수가 흔한지 상상하기가 쉽지 않다. 시내에서 불과 몇 십분만 운전해서 도착할 수 있는 숲속의 작은 오두막집만 해도 집 앞에 작은 자가 연못(?)에 boat가 물가에 매어 있어 언제라도 뱃놀이와 낚시를 즐길 수 있는 별장(?) 개념의 집이 심심치 않게 있고 가격조차 너무나 착해서(?) 우리를 놀라게 한다.

거기에다 Michigan 주에는 야생조류가 그리 많다. 특히 오리가 많은 데 겨울이 되면 먼 남쪽에서 날아온 청둥오리 떼가 월동을 하고 새봄이 되어도 자기들 고향(?)으로 가지 않고 텃새와 되어 공원에 무리지어 사는 것을 심심치 않게 볼 수 있었다. 물론 공원 도처에 야생동물에게 먹이를 주지 말라는 주의 푯말이 있지만 별 효과가 없는 것 같았다. 번식기인 봄이 되면 공원의 풀밭은 물론 보도에까지 청둥오리의 알이 도처에서 뒹굴 정도다.

항간에는 중국 사람들이 자는 청둥오리와 그 알을 식용(?)으로 애용한다는 우스갯소리가 들리곤 하였었다.

청둥오리는 고대로부터 명약으로 많이 애용하던 동물로 명나라 때 '본초강목(本草綱目)'의 저자 이시진(李時珍)은 "오리는 물을 좋아하는 가금류로 인체의 수액대사를 활발하게 하며 소변을 잘 통하게 하는데 그중에서도 청둥오리가 가장 효능이 좋다."고 했다.

토종 청둥오리는 흰 오리보다 훨씬 활동적이기 때문에, 일반오리보다 지방이 훨씬 적고, 결과적으로 몸집도 훨씬 작다. 그러므로 청둥오리 국물은 시원하며, 육질은 더 쫄깃쫄깃하고 담백한 맛이 특징이다.

현대에 와서는 다양한 오리 요리가 각광을 받으며 보양식으로 많이 애용되고 있다. 필자가 상당기간 몸담고 있던 광주에도 청둥오리요리 전문점이 간간이 자리하고 있어서 별미를 즐길 수 있었다. 처음에는 청둥오리가 천연기념물로 보호 조류가 아닌가 의아해하였으나 포획과 양식이 조수금지법에는 저촉되지 않아 안심하고 별미를 즐길 수 있다.

한약재가 들어간 오리고기 요리를 비롯한 오리백숙, 오리찜, 오리탕, 오리훈제 등 오리에는 불포화 지방산이 많이 들어있다는 연구결과로 다이어트에도 도움이 된다고 한다.

필자는 특히 청둥오리 전골을 즐기곤 하였었다. 냄비에 청둥오리고기와 미나리를 넣고 오리육수를 첨가하여 끓인다. 이때 들깨가루와 대추 은행 다진 양념을 추가하여 가마솥에 장작불로 끓여 고아낸 국물은 그야말로 진국이다. 미나리를 진국 전골 국물에 살짝 데쳐서 초장에 찍어 먹는 맛 또한 별미이다. 청둥오리 고기의 맛이 일반오리 고기와 다른 점은 육질이 더 탄탄하면서 쫀득쫀득하고 꼬들꼬들한 식감을 느끼게 한다. 오리 고기 특유의 향이 더 강하며 더 고소한 맛을 느낄 수 있다.

청둥오리는 소화기 계통을 튼튼하게 하며 허약한 체질을 튼튼하게 하고 수액대사를 활발하게 하여 수종을 없애고 소변을 잘 통하게 하며 해독작용이 강하다.

또한 오리알은 단백질, 지방, 칼슘, 인, 철분, 칼륨, 나트륨, 염소, 탄수화물, 비타민 등 영양소가 풍부하여 폐열로 인한 기침이나, 인후통, 치통, 이질, 설사에 효과가 있다고 한다.

다만 오리는 성질이 차므로 비위가 허하거나 위가 찬사람, 대변이 묽은 사람, 아랫배가 차거나 생리통이 있는 사람, 만성기관지염이 있는 사람은 주의해야 한다.

칠면조 : 다리 엄청 질겨 호불호 극명한 맛

해마다 가을걷이가 끝나고 난 후일쯤인 11월 말경이면 미국 대통령이 어김없이 칠면조를 자르며 '추수감사절' 축제를 즐기는 연회에 대한 외신의 보도를 접하곤 한다. 추수감사절(秋收感謝節, Thanksgiving Day)은 영국에서 Massachussets의 Plymouth 식민지로 이주한 초기 청교도(Pilgrim Fathers)들이 1620년 농사를 지어 첫 수확을 기념하는 행사로 지금은 많은 미국인이 가족을 만나려고 고향을 찾아 '대이동'을 하는 미국 최대의 명절이 됐다.

청교도들이 Plymouth에 도착한 1620년에서 1621년 초의 겨울은 새로운 환경에 적응하지 못하여 많은 사망자가 나왔다. 당시에 주위에 거주하고 있던 인디언 부족 Wampanoag족의 도움으로 그나마 살아남을 수 있었다. 이듬해인 1621년 가을에는 다행히 농작물의 수확량이 많았기 때문에, 초기 청교도 이주민은 자신들에게 농사를 가르쳐주어 굶어죽지 않도록 배려한 Wampanoag족을 초대하여 추수한 곡식, 과일과 야생 칠면조와 사슴을 잡아 축제를 했는데 이것이 미국에서의 최초의 추수감사절이라 여긴다.

사실 칠면조 하면 우리나라에서는 쉽게 접할 수 없는 약간 생소한 동물이다. 칠면조에 관한 우리나라의 최초의 기록은 조선 후기 헌종 때 이규경(李圭景)의 '오주연 문장전산고(五洲衍文長箋散稿)'에서 찾아볼 수 있다. 즉 '칠면조는 거위처럼 큰 새로 깃털이 화려하며 고기는 맛이 아주 좋다. 또한 입술에 코가 달렸는데 코끼리 코와 같아서 자유자재로 늘어났다 줄어들었다 한다.'고 기록되어 있다.

전통적으로 미국에서는 추수감사절과 성탄절에 칠면조 구이를 먹는다. 왜 하필 칠면조 고기를 먹을까? 하지만 기록을 보면 최초의 추수감사절에서는 칠면조 대신 사슴고기와 야생 오리를 먹었다고 한다. 따라서 칠면조와 최초의 추수감사절과는 별 관련이 없다.

전통적으로 고대 유럽에서는 추수를 감사하는 축제 때 네 발 달린 동물이 아닌 조류, 그것도 철새를 잡아서 제물로 바치고 요리하는 전통이 있었다. 추수가 끝날 무렵은 가을이 끝나고 겨울이 시작될 때다. 계절이 바뀌는 환절기로 이 무렵이 유럽에서는 철새가 이동하는 시기였다.

철새는 봄이 되면 다시 돌아오기 때문에 겨울이 지나고 봄이 돌아오는 것처럼, 겨울에 사라진 태양이 봄에 다시 부활하는 것처럼, 그래서 다시 농사를 지을 수 있게 되는 것처럼 계절의 변화를 상징하는 철새를 잡아서 농사의 신에게 바치는 제물로 썼다.

미국에 정착한 청교도들이 추수감사절과 성탄절에 거위 대신 칠면조를 요리하게 된 것은 칠면조가 더 흔했기 때문이다.

칠면조는 꿩과(Phasianidae) 칠면조속(Meleagris)에 속하는 조류로서 학명은 Meleagris Linnaues, 1758이다. 칠면조(七面鳥)라는 이름은 얼굴에서 목에 이르는 피부의 색이 7가지라고 해서 붙은 이름이다. 칠면조는 총 2종으로 일반적으로 칠면조 하면 생각하는 모습인 들칠면조(wild turkey)와 중앙아메리카 일부 지역에만 서식하는 구슬칠면조(ocellated turkey)가 있으며, 가축 칠면조는 들칠면조를 가축화한 것이다.

칠면조는 체구가 큰 편이고 이상한 까르르륵(gobble) 하는 울음소리를 곧잘 들을 수 있는데, 칠면조의 특징이라고 할 수 있으며 성질도 난폭하다. 한 번 적개심을 품으면 절대로 물러서지 않는데, 시튼 동물기에서도 칠면조가 늑대에게 덤벼들어 늑대 무리를 퇴치하는 장면이 나온다. 칠면조는 원래 북중미 전역에서 서식하는 야생 조류였는데, 최초로 가축화한 곳은 멕시코 근방이다. 칠면조가 유럽에 처음 전해진 것은 콜럼버스가 아메리카 대륙에 도착한지 일 년 후인 1520년 스페인을 통해서였다.

추수감사절에는 칠면조를 한 마리 통째로 요리해서 먹는데, 몸집이 큰 칠면조를 속까지 완전히 익히려면 오랜 시간과 공을 들여야 하는 고된 작업이다. 특히 다리 부위의 경우 살 사이사이에 뼈와 구분이 안가는 수준의 강도를 가진 힘줄이 들어있어 닭다리와 같이 끝 부분만 잡고 살을 뜯어먹는 것은 그리 만만한 일이 아니다. 더구나 칠면조에는 고기의 무게 상당수가 먹을 수 없는 뼈와 살 사이사이에 들어가 있는 질기고 단단한 힘줄들이 있다.

정년을 얼마 남기지 않은 2006년 미국 Baltimore에 있는 Maryland 치대에 교환교수로 다녀온 일이 있었다, 이 대학은 1805년 세계 최초로 설립된 4년제 치과의학 교육기관으로서 마침 필자가 몸담고 있던 경희치대와는 2000년부터 자매관계를 유지하여 해마다 상호 학생과 교수를 교환하고 있다.

당시에는 내자까지 동반하여 시내에서 얼마 떨어지지 않은 Ellicott city에 one room apt를 얻어 생활하였었다. 하루는 장보러 내자와 근처 동양계 mart을 찾았었는데 mart의 한 귀퉁이에서 칠면조 훈제고기를 팔고 있었다. 한국에서는 가까이 해보지 못한 음식이라서 호기심에 냉큼 다리 몇 개를 사 가지고 숙소에 왔다. 그런데 추수감사절의 상징(?) 같이 알려져 있는 칠면조 다리 맛이란 세상에서 그 때까지 한 번도 경험해 보지 못한 험악한(?) 고기였었다, 군데군데에 심줄이 있고 질기기가 고래심줄 급(?)이라서 악어 정도의 악력(?)을 가진 사람이 아니면 도저히 씹을 수 없는 질감을 가지고 있었

고 맛 또한 상징적인 명성(?)과는 다르게 별로 신통치 않아서 칠면조에 대해서 적지 않게 실망(?)하였다,

사실 칠면조 요리는 미국인들조차 그 부위와 요리법에 따라서 호, 불호가 극명하게 갈리며 부위에 따라서 맛이 다양하므로 자기가 좋아하는 부위를 취사선택하여 먹는다는 것이다. 이제는 우리나라에서도 추수감사절이나 성탄절 즈음에 온라인 몰이나 식자재마트에서 훈연한 칠면조 다리를 하나씩 진공포장해서 판매하고 있다. 훈제칠면조의 경우 비린내도 별로 없고 훈제고기 특유의 맛이 나는데다 육질이 닭다리 비슷한 느낌이기 때문에 훈제닭고기나 훈제오리에 익숙한 사람이라면 그럭저럭 맛있게 먹을 수 있다. 또한 칠면조를 사육하는 농가가 생겨서 드물지만 칠면조 육개장을 즐길 수도 있게 되었다.

陸海空(육해공) 속에서 찾아낸
우리나라 음식 비밀

음식탐구2

초판 발행일 / 2022년 3월 31일
지은이 / 조재오
기획 / 박종운
발행처 / 뱅크북
출판등록 / 제2017-000055호
주소 / 서울시 금천구 가산동 시흥대로 123다길
전화 / 02-866-9410
팩스 / 02-855-9411
e-mail / san2315@naver.com
ISBN / 979-11-90046-36-7